Excess Consummatio

Shopping-planeten

Av Gillis Bergh

2019

Shopping-planet

Excess consummatio

En roman om överkonsumtion

FSC
www.fsc.org
MIX
Papper från ansvarsfulla källor
Paper from responsible sources
FSC® C105338

skriven av:

Gillis Bergh (pseudonym)

Omslag och bilder från Pixabay

FÖRLAG: BOOKS ON DEMAND, SVERIGE.
TRYCK: BOOKS ON DEMAND, TYSKLAND.

BoD™
BOOKS on DEMAND

ISBN: 978-91-7569-083-4

Innehållsförteckning.

Innehållsförteckning. (fortsättning)

Innehållsförteckning. (fortsättning)

Innehållsförteckning. (fortsättning)

Innehållsförteckning. (fortsättning)

Tellus.

Stenplaneten som den också kallas.
Eller Jorden, säger vi som bor där.
En himlakropp som värms av solen.
Kanske den enda i universum där liv existerar.

Jorden bildades för häpnadsväckande 4,5 miljarder år sedan säger vetenskapen.
Vi varelser kom dock inte till förrän en miljard år senare.
De första människorna trodde att Jorden var platt som en pannkaka. Nu vet vi bättre. Den är rund som ett klot.
Från början var det mer land än vatten på Jorden. Men ett bombardemang av kometer resulterade i en planet med nästan bara vatten på ytan.

Efterhand har öar dykt upp ur haven och blivit till kontinenter, så nu har vi 30% land att bo på. Jordens inre är fast mark en bit ner. Sedan kommer en flytande massa och längst in en kärna av järn. Men det här vet ju alla sedan skoltiden. I alla fall de av oss som minns lika mycket som en smart femteklassare.

Solidare än så kan vår plats i världen inte bli, kan man tycka. Men det håller vetenskapen inte riktigt med om. Planeten Jorden har drabbats av både istider och explosioner till följd av kometer som rammat vår planet. Ett mönster av regelbundna nedkylningar och upptiningar har skett i cykler under 40 miljoner år fram till nu.

Ett under kan man tycka att våra anor (vilka de nu var) lyckades överleva all den klimatförändringen.

Handel eller shopping.

Människan har i alla tider idkat handel med varor av olika slag. Byteshandel till att börja med, innan pengen var uppfunnen. Man bytte helt enkelt grejor med varandra. Grejor, vars beståndsdelar kom från naturen.

Några affärer fanns inte i begynnelsen så utbudet var begränsat. Det som inte gick att byta till sig fick man allt se till att tillverka själv. Av den som kunde och inte hade tummen mitt i handen. Allt man tillverkade eller bytte till sig lappades och lagades så långt det gick.

Enligt den Grekiske filosofen Platon skulle den sunda staten endast inhysa den befolkning som har nödvändiga yrken, allt från jordbrukare till köpmän, och som tillhandahåller ursprungsbehoven.
Det centrala, enligt Platon, var att varje innevånare gör sin sak. Mångsyssleri var oönskat.

Någon slit och slängmentalitet existerade knappast på vikingatiden. Röveriet, som vikingarna ibland ägnade sig åt, var inget annat än snatteriets föregångare.
Så småningom kom internationalitetens handel igång. Land handlade med annat land, där havet var som en taxfree zon. Med skepp och bomullstyg i masterna for skutor hit och dit på världshaven. Varor medföljde och bytt blev bytt i främmande land. Nu byggdes affärer. Som små hus, glest utspridda, där några bodde men många handlade. De som levererade till affärer fick inte längre varor i utbyte. De fick betalt i pengar eller natura. Precis som affärsinnehavarna i sin tur fick av kunderna.

Kredit kunde man få till viss del, mot försäkran att betala längre fram. En sorts förtida avbetalningsplan, utan ränta, för det otyget hittades på långt senare.
Först i slutet på 1800-talet, med industrialismens etablerande, kom affärshandeln de flesta till godo.
Det mesta av byteshandeln blev nu av skattemässiga skäl olaglig då den betraktades som svart.

Affärer skulle vara handelns framtida forum. Den svarta handeln skulle på så vis bli vit. Fram på 1970-talet uppstod en avart i handelssystemet. Den vi kallar för shopping. Shopping är inget annat än en manisk variant av handel där den egna tillfredställelsen går före behovet. Eller att man har så mycket pengar liggandes i kistbotten att man helt enkelt inte vet vad man ska göra av allt. Då shoppar man för att lätta på sedeltrycket och må bra. Vadsomhelst, även det man inte behöver. Den som shoppar träder ofta glatt in i en affär utan att ha den minsta susning om vad som ska köpas. Eller vad som skulle behöva inhandlas. Behovet styr inte shopparen. Det gör tillfredsställelsen av att fylla varukorgen med sådant som kan vara bra att ha. Lyckokänslan av shopping är ofta kort. Efteråt mår många illa. Inte minst när avbetalningsfakturorna droppar in i brevlådan.
Shoppingrörelsen är nu så utbredd att naturens resurser inte längre räcker till. Det har blivit status att shoppa. Gruppresor till shoppingcentra anordnas. Människor fraktas runt i stora balkongförsedda plåtschabrak.
Dessa s.k. kryssningsfartyg stävar in i varje tänkbar hamnstad där de oftast får ankra på redden då kajernas längd inte räcker till.

Varje dag för kabysser av småbåtar iland tusentals presumtiva shoppare som likt en hord av klövdjur väller in i affärernas gallerior.

Människor shoppar som aldrig förr med fickorna fulla av klöver i form av ett litet plastkort som för var och en blir köplustens gyllene betalningsmedel.
Efter ett tag kommer alla ut nöjda och glada.
Med varor som i bästa fall kan vara bra att ha.

Eller som i överskottsförbrukningens karga eftertanke ganska snabbt ratas till att bli till sopor på naturens nya åsar av skräp. Vi svenskar shoppar som om planeten vore fyra gånger så stor som den egentligen är.

Diagnosen på planetens ohälsa är överkonsumtion av naturresurser. Symptomen på denna diagnos är klimat-problem. Extremväder och växthuseffekt är några. Naturen förlorar insekter och tenderar att bli allt mer bakteriologisk. Nästa klimatproblem kan bli epidemiskt.

Överkonsumtionen.

Överkonsumtion är ett begrepp som används för olika typer av ohållbar konsumtion.
Oftast syftar begreppet på den konsumtion som överstiger det som i ett längre perspektiv kan produceras av världens naturresurser. Enligt Världsnaturfonden - förbrukar världen idag cirka 30% mer än vad jorden har kapacitet att återskapa. Det handlar dels om de råvaruresurser som används i produktionen, dels om den yta som behövs för att ta hand om utsläppen vid produktion och konsumtion. Överkonsumtionen är nära knuten till flera av världens miljöproblem, såsom utfiskning, skövling av skog, och global uppvärmning.

Fram till 1970-talet levde jordens befolkning inom ramen för planetens tillgångar. Industrialiseringen började visserligen långt tidigare men två världskrig på rad dämpade ner den globala handeln. Därefter tog det fart. Produktionsindustrin förädlade naturens råvaror till tillverkningsindustrin som kontinuerligt fyllde på i affärerna. Vartefter åren gick så dök det upp allt mer sortiment. Prylar och grejor som väl egentligen inte behövdes men kunde vara bra att ha ändå. Så var överproduktionen skapad som blev till överkonsumtion eftersom vi alla uppmanas i reklamen att vara konsumenter. Enligt WWF påverkas nu 3,2 miljarder människor av följderna av överkonsumtionen. Följderna är bland annat avskogning, torka, vattenbrist, erosion, sämre biologisk mångfald och utsläpp av växthusgaser.

Som vi lever nu skulle vi globalt behöva 1,7 jordklot för att försörja oss.

Efter knappt halva året passerar vi den globala medelpunkten för förbrukning. Den dagen som kallas för "the Overshoot Day". Efteråt lever vi över våra tillgångar. Redan i februari passerar landet Qatar överförbrukningsgränsen, som först av alla. Men av befolkningen i Qatar så är bara 10% medborgare så det blir lite missvisande i statistiken för landet på grund av det.

Totalt sett är vi i Sverige bland de värsta när det gäller överförbrukning. Ser vi till selekterade parametrar av överförbrukning, som kött och utlandsresor med flyg, så kan vi till och med utropa oss till världsledande.
I många andra förbrukningsdelar är vi bland de länder i världen som är värre än värst.
Vi skulle till och med kunna skryta om att vi är bäst på att vara sämst.
Vi lever i Sverige som om det fanns 4,3 jordklot.
Tät följt av Finland med 3,6 jordklot.

Många säger att det inte har någon betydelse vad vi gör i lilla Sverige. Klart det spelar roll!

Här är Sveriges ekologiska fotavtrycks beståndsdelar.
Mat 32%
Resor 29%
Varor 18%
Boende 12%
Tjänster 9%

Mat:

Vi shoppar mat. Så mycket att vi inte förmår äta upp allt. Sådana mängder att varje person i Sverige måste slänga 97 kilo mat i soppåsen varje år. Totalt för landet blir det ofattbara 1 miljon ton mat som hamnar på soptippen. Var eviga år. Tänk vad tacksamma alla måsar och råttor måste vara som kan livnära sig på landets skräpiga åsar som sticker upp i naturen.

Många människor har ingen känsla längre för hur maten framställs.
Vi har tappat respekten för maten, säger Naturskydds-föreningen.

Mellan 20 och 40 procent är mat som vi hade kunnat äta men ändå slängt i soppåsen.
Det är framför allt hushållen som slänger mycket mat.
Matsvinnet är något som enligt Livsmedelsverket påverkar klimatet negativt på många sätt.
All mat har under produktionen genererat negativa konsekvenser. Så det är ett stort slöseri för klimatet och miljön, säger Livsmedelsverket.

Mycket av maten vi äter i Sverige odlas och produceras i fattiga länder där befolkningen har det knapert och periodvis, då skördarna slår fel, svälter.
Till mat av kött åtgår stora betesarealer. Naturens skogar huggs därför ner. De skogar som annars genererar syre och är en förutsättning för livet på planeten.

Som individid har man ett ansvar att minska svinnet, säger Jordbruksverket:
Allmänt behöver man bli bättre på att planera sin mathållning och sina inköp.
Men hela kedjan har ett ansvar, även företagen.
Till exempel att hantera maten på rätt sätt.
Även jordbruket har en viktig roll att spela.

Naturskyddsföreningen tror att det kan handla om en generationsfråga.
Att många nuförtiden tar maten för givet, något som vi inte gjorde förr i tiden.
Det går också att förbättra klimatet genom att ändra sin kosthållning.
Främst handlar det om att äta mindre kött.

Den matglade säger att det inte har någon betydelse vad vi gör i lilla Sverige.
Klart det spelar roll!

Vatten:

Vatten är en förutsättning för liv. Till och med viktigare än syret i atmosfären eftersom vatten i sig innehåller syre.
Sverige är ett land där det inte råder brist på vatten.
I takt med klimatförändringens extremväder i form av parkerade högtryck förändras förutsättningarna radikalt. Grundvattnet sjunker och bevattningsförbud uppstår.
I förlängningen kommer även tillgången på dricksvatten att minska.

I torrare länder är redan nu vattenbristen ett allvarligt miljöproblem. Spanien har störst grundvattenuttag i hela EU och har på 20 år förlorat 20 procent av sitt färskvatten. Normalt går vatten i kretslopp, vätskan används om och om igen och förråden fylls upp på naturlig väg. Men spanjorerna konsumerar mer vatten än de har tillgång till. Det är inte hållbart.
Södra Spanien består av områden som klassificeras som halvöken. Ändå bedrivs det vattenintensivt jordbruk i industriell skala där. Regionen är full av växthus som odlar törstiga grödor som sallad, gurkor, vattenmeloner och tomater. Mer än två tredjedelar av Spaniens vatten används av jordbruket. Det är inte rimligt, och man frågar sig hur i hela friden det kan och får fortsätta. Svaret är enkelt att förstå, för det som är billigt kan man slösa med hur mycket som helst. Och uppe på allt detta driver vi upp temperaturen med fossil förbränning.

Världens jordbruk förbrukar 70 % av tillgängligt sötvatten och en tredjedel av vattnet går till djuruppfödning.
För att producera ett enda kilo nötkött krävs 15 500 liter vatten.

Denna överkonsumtion leder oss till ett av de största miljöproblemen i världen när det gäller mänsklig överlevnad: smutsigt vatten i fattiga länder.
Den näst vanligaste dödsorsaken i låginkomstländer är diarrésjukdomar, som ofta beror på att man konsumerar orent vatten. Folk, och särskilt barn, dör i miljontal av att ha fått i sig grannens urin och avföring, fullt av bakterier som ger sjukdomar.

I Sverige slösar vi hejdlöst med färskvatten. Vi har en stor reservoar i form av Mälaren som i dag försörjer Örebro, Enköping, Västerås, Södertälje och hela Stockholm.
Mälaren, som blir den första stora insjö som saltvattnet kommer att svepa över när havsvattennivåerna stiger.
Alla de kommunerna tänker dra pipelines till Vättern.
Örebro kommun har redan börjat. Ett Vättern som redan i dag försörjer många kommuner, bl.a. Jönköping.
Om alla uppräknade gör som man tänkt så kommer Vättern att tömmas på sitt vatten inom 10 år.
I alla fall om vi fortsätter att överkonsumera färskvatten så som vi gör i dag,

Att vi svenskar ödslar med vatten har inte någon betydelse säger slösa. Klart det spelar roll!

Flyget:

Flyget står för 2-3 procent av världens utsläpp av koldioxid, och 4-5 procent av världens energirelaterade klimatpåverkan om även höghöjdseffekterna inkluderas. Av den totala klimatpåverkan från svenskars flygresor härrör drygt 90 procent från utrikes resor. Utrikesflygandet ökar också i en snabbare takt än inrikesflygandet. Varje år genomförs i snitt 30 miljoner flygningar världen över. På sina vingar transporterar flygplan varje år 2,8 miljarder passagerare. Utöver detta tillkommer frakttransport samt privat och militärt flyg.

Teknikutvecklingen har gjort att bränsleförbrukningen har minskat med 1 procent per år.
Sammantaget innebär det här en rejäl förbättring som dock är långt ifrån tillräcklig för att kompensera de ökade utsläpp som följer av det växande antalet resor. Man effektiviserar flygplansflottan med en till två procent per år, men samtidigt ökar resandet med tre, fyra, fem procent per år. Så trots teknikeffektiviseringen får man ökade utsläpp.

Flyget ökar i dag sina utsläpp i en snabbare takt än andra sektorer i samhället. På 25 år har lufttrafikens utsläpp nästan fördubblats globalt. Forskning tyder på att ut-släppen från flygandet riskerar att bli större än hela ut-släppsutrymmet för samhället. Man kan definitivt inte fördubbla flygresandet, vilket är vad som kommer att hända inom 15 till 20 år om inga begränsningar görs.

Flygskatten är långt ifrån den optimala lösningen, men om man jämför med att inte ha skatt alls är det bättre och ett steg på vägen. Vi behöver mer bränsleeffektiva flygplan, vi behöver antagligen använda mer biobränsle, vi behöver organisera om hur man flyger och begränsa flygresandet till viss del för att nå hållbarhetsmålen, säger Jonas Åkerman, transportforskare på KTH.

Om man kraftigt kan minska sin klimatpåverkan i andra sektorer när det gäller bil, bostad och konsumtion har man ett större utrymme att flyga lite mer. Vi behöver inte sluta flyga, men vi behöver flyga mindre. Allt detta beror på hur mycket man kan minska utsläppen i andra sektorer. Möjligen skulle man kunna resa ungefär lika mycket som vi gjorde 2010, ungefär en fjärdedel mindre än idag. Det skulle vara förenligt med att nå de långsiktiga hållbarhetsmålen.

Om vi i Sverige flyger ett plan till Madrid så genererar denna resa ungefär ett halvt ton koldioxid, enligt Jonas Åkerman. Det motsvarar enligt Livsmedelsverkets beräkningar utsläppen av växthusgas från framställningen av ett halvkilo nötkött i veckan i ett år.

Men utslaget över en hundraårsperiod, det är så klimatforskarna brukar räkna, har höghöjdsutsläppen från en flygresa lika stor klimatpåverkan som koldioxidutsläppen.

I dag flyger svensken ungefär sju gånger så mycket som snittmedborgaren på jorden.

Mellan nittiotalets start och 2014 ökade antalet internationella flygresor som vi svenskar gör med 130 procent. Det visar en sammanställning som forskare på Chalmers tekniska högskola gjorde förra året.

Flygandet utrikes måste begränsas, men hur.
Klart det går med stegrade flygskatter. Men rättvist vore det inte. Som vanligt kan den med gott om klöver i fickorna köpa sig fri. Bättre kanske det vore med hjälp av motbok?
Att ge varje person ett flygkonto med ett begränsat antal flygtimmar per år som Paula Grossman föreslår.
Hon tycker att liknande ransoneringsåtgärder även bör vidtas för industrin och andra sektorer. Svenska befolkningens flygresande, ut och inrikes, ger upphov till lika mycket klimatpåverkan som alla bilfordon som rullar på vägarna i Sverige sammanlagt.

Hur som helst så är fritidsflyget redan idag en överkonsumtion. Sverige är nästan världsledande på detta plan.

Reslystna säger att det inte har någon betydelse hur mycket vi flyger från lilla Sverige.
Klart det spelar roll!

Kläder:

Vi shoppar kläder i massor.
Var och en i Sverige shoppar drygt 13 kilo per år.
Nästan var tredje plagg används aldrig. Åtta kilo kläder per person hamnar varje år på soptippen och eldas upp, trots att en stor del av dessa plagg inte är utslitna.
Nya trender lockar till nya köp. Kläder är förhållandevis billiga så många har råd att köpa nya kläder ofta.
Att köpa kläder har blivit en hobby för shoppare.

So what, säger den som kan rycka på axlarna.
Vad är problemet?

Jo, problemet är att kläderna innehåller material som kräver stora resurser att producera.
De har gått igenom flera tillverkningssteg och ofta passerat flera länder för att bli färdiga plagg.
Bomullen i en t-shirt kan till exempel ha odlats i Indien, tyget stickats i Pakistan, färgats i Bangladesh och tröjan sytts upp i Turkiet innan den slutligen når butiken i Sverige. Det finns inte oändliga resurser för att tillverka kläder. Det går inte att odla så mycket bomull så att alla i världen kan konsumera t-shirtar på samma sätt som vi gör i Sverige – det skulle inte bomullen räcka till.
Det är miljöbelastande att tillverka kläder.
Det krävs stora mängder kemikalier, vatten och energi för att framställa fibrer, färga och tillverka tyger och transportera kläder. Farliga kemikalier kan skada miljön i det land där kläderna tillverkas och innebär en risk för de som arbetar i odlingarna och på fabrikerna.

Kläder kan vara tillverkade under dåliga arbetsförhållanden. Det är inte ovanligt med barnarbete, långa arbetsdagar, dåliga löner, hälsoskadliga kemikalier och farliga arbetsmiljöer.

Vatten används i många av textiltillverkningens steg för att färga, bleka, och behandla tygerna. Men det är framförallt i odlingen av bomullsfibrer som den stora vattenförbrukningen sker. Ett kilo bomull kräver i snitt så mycket som 10 000 liter vatten!

Kemikalier används i stort sätt i alla steg av tillverkningen och är nödvändiga för att förvandla en fiber till ett färdigt plagg. I oekologisk odling besprutas bomullen med bekämpningsmedel för att förhindra skadedjur.
Det används kemikalier för att göra fibrer till garn och för att göra garn till väv. Det används kemikalier för att bleka, färga och behandla tyger. Ibland tillsätts kemikalier i transporten för att förhindra mögel.
Vissa kemikalier är ofarliga medan andra kan innebära problem för de som arbetar i produktionen. Kemikalierna kan vara cancerframkallande, allergiframkallande, påverka förmågan att bli med barn, skada fiskar och andra vattenlevande djur.

Mången klimatpåverkan från tillverkningen av kläder är också stor och är ännu en anledning till att sköta om sina plagg. För att ge kläderna en så lång livslängd som möjligt bör de tvättas i rätt temperatur. Ibland kan det räcka med att vädra kläderna istället för att tvätta.

Det går år 6 tusen liter vatten, vilket motsvarar 41 fyllda badkar samt 1,5 kilo kemikalier, vilket motsvarar 78 omgångar med en diskmaskin.
Detta för att tillverka ett enda par jeans.
Det går åt 2 tusen liter vatten och 1 kilo kemikalier för varenda ny T-shirt i bomull.

Produktion och tillverkning sker övervägande i länder där befolkningen får tvätta sig själva och sina kläder i förorenade floder. Länder där dricksvatten är en bristvara. Länder där restprodukterna av kemikaliebehandlingen hamnar i floderna i form av fosfor och för natur och människa skadliga ämnen.

De som köper mycket kläder behöver minska antalet inköp och istället använda sina plagg längre. Det bästa är att köpa second hand och i andra hand miljömärkta kläder. Om det inte finns så är det bra att titta efter miljöbättre material, till exempel ekologisk bomull och att satsa på kvalitet. Det är också viktigt att välja plagg som kan användas många gånger.
Lagstiftningen behöver skärpas så att de som köper kläder ska kunna känna sig trygga med att ett plagg har tillverkats på ett bra och hållbart sätt och att kläderna inte innehåller några farliga kemikalier.

Den modemedvetne säger att det inte har någon betydelse hur vi klär oss i lilla Sverige.
Klart det spelar roll!

Boende:

Tak över huvudet tillhör det fundamentala. Sedan beror det lite på vilken boyta var och en tillskansar sig. Och det är nog där skon klämmer i landet Sverige. Vi har generellt ganska gott om plats inomhus. Det finns nämligen ett tak på boendeyta per person vad det gäller beräknad överförbrukning. Vi har subventioner (rot-avdrag) vad det gäller reparation och underhåll av fastigheter. Gäller både fasad och inne ytor. Men någon kontroll beträffande fastighetens skick innan subventionen ges - det görs aldrig. Enligt byggbranchen så är det många som utnyttjar skatteavdraget till tveksamma åtgärder som inte står i proportion till hållbarhetstänkande. Bland annat så "kastar" man ut fullt fungerande kök bara av den anledningen att man vill ha något annorlunda nytt och fräscht. Detta med att laga och reparera har alltmer "fallit i farstun". Hantverkshjälp innebär nu mest att byta ut det som är det minsta trasigt eller upplevs som gammalt. Mer lönsamt är detta för industrin så klart, som då hela tiden får tillverka nya grejor. Byggbranchen kryllar numer av montörer då det mesta figurtillverkas av robotar på fabrik. Golv byts inte för att de är slitna. De byts för att de upplevs som fula. Man ska absolut inte göra något själv för då är det risk att något lagas i stället för byts. Allt detta har medfört att det fina hantverkaryrket sedan länge är på utgående.

Montörerna tycker säkert att det inte har någon betydelse vad vi gör i lilla Sverige. Klart det spelar roll!

Träd:

Skogen är viktig för oss alla på många olika sätt. Skogen binder kol och hjälper till att skydda mot klimatförändringar. Skogen är vårt största landbaserade ekosystem och bidrar till många av de tjänster i ekosystemet vi tar för givna. Skogen är hem för tusentals olika växter och djur. Den är också en mycket värdefull resurs för oss människor, både för avkoppling och friluftsliv, och inte minst heller för att vi kan bruka den fantastiska råvaran trä. Skogen ska producera allt från blåbär till timmer.

Den trämekaniska industrin är den del av skogsindustrin som förädlar skogen till sågade trävaror, alltså plank och brädor, och till träskivor, emballage, konstruktionsträ, möbler och inredningar.

De biprodukter som uppkommer vid sågning (bark, sågspån och flis) används också som råvara i produktionen av till exempel spånplattor, pappersmassa och bränslepellets.
Sedan 1950 har minst 60 procent av Sveriges produktiva skog kalavverkats. Skogspolitiken har inte hängt med i förändringarna. Den har blivit omodern.

Skogsskövling är en stor klimatbov. Kanske den största av dom alla. Skogsskövlingen i u-länderna orsakar enorma utsläpp av växthusgaser. I motsats till vad många tror är den en långt större klimatbov än bilar och flygplan.

En färsk beräkning i en rapport från Världsbanken visar att Indonesien och Brasilien, som inte brukar räknas bland de största utsläppsländerna, i realiteten ligger trea och fyra i utsläppsligan efter Kina och USA när avskogningen, både den legala och den illegala, räknats in.
Från 2000 till 2005 försvann 15.000 kvadratkilometer regnskog årligen i Indonesien. Totalt beräknas detta ha lett till utsläpp i storleksordningen 2,5 miljarder ton koldioxid per år. Motsvarande siffra för Brasilien var 1,4 miljarder ton.

De samlade utsläppen för hela världen från skogsskövlingen är cirka sju miljarder ton per år.
Som jämförelse kan nämnas att Sveriges totala utsläpp är cirka 67 miljoner ton årligen.
Brasilien avverkar Amazonas djungler i en takt av ett Belgien per år. Där tänker man sig odla soja och kreatursfoder i stället.

När vikingarna kom till Grönland för första gången så var ön full av träd. Nu för tiden är ön kalhuggen till 95 procent. Där är det i stället inlandsis.

I Indonesien utvinns palmolja som, förutom att ingå i livsmedel, ofta används för att göra Halloweengodis, vilket har lett till att främst orangutanger, och även andra djurarter, har förlorat sin naturliga miljö. Avskogningen, eller skogsskövlingen, på Haiti har skenat att så mycket att dess naturliga regnskog har avverkats med upp till 98%.

Enligt de beräkningar som IPCC gjort svarar avskogningen globalt för cirka 20 procent av de totala utsläppen av växthusgaser. Endast energisektorn svarar för en högre andel, cirka 24 procent. Däremot ligger utsläppen från transportsektorn, industrin och jordbruket betydligt lägre, cirka 14 procent vardera. Flyget, som ofta nämns som en viktig klimatbov, svarar bara för drygt 2 procent. Varje dygn medför skogsskövlingen lika stora utsläpp som åtta miljoner människor åstadkommer när de flyger från London till New York.

Bioenergi framställs som en av lösningarna till drivmedel. Men som vanligt finns det också fallgropar. Suget efter bioenergi i klimatpolitikens spår växer snabbt i hela världen, vilket ironiskt/tragiskt nog redan lett till att regnskogar fällts för att bereda plats för bioenergiodlingar. I ivern att rädda klimatet gör man bara saken ännu värre. Alla vill de använda skogen till just sin klimatlösning. Bilindustrin, flyget och sjöfarten.

Alla vill använda den skog som redan i dag används i sin helhet, och mer därtill.

Och så kommer Internethandeln inklampande till råga på allt. Man beställer glatt sin vara från Kina för att det är några kronor billigare än att köpa densamma på butik i Sverige. Varan måste då dubbelpaketeras inför transporten. Och fort ska det gå. Flygtransport ska det vara så klart. Överförbrukningsindustrin slåss om precis samma kunder. Alla kunder måste bli lika nöjda med Internethandel som med handel i butik.
Småtransporter tillkommer sedan ofta på hemmaplan tills SMS-meddelandet från Postnord dimper ned med en melodi i den smarta nallen om att varan nu finns till hämtning i närbelägen utlämningsbutik.
Var femte klädvara returneras dessutom.
Anledningen kan vara trasig, deffekt eller att klädesplagget inte tillräckligt charmant framhäver den kropp som plagget var tänkt att dölja.
Världen har aldrig haft en sådan kolossal förpackningsindustri som idag. Det finns risk för att man sågar av grenen man sitter på när Amazonas djungel har blivit det största offret för avskogning. Syregrenen är det som avses då, eftersom Amazonas räknas som världens syrelunga.
I Sverige har vi mycket skog. Och återplantering efter avverkning är det lag på. Tall och gran står i oändliga rader i alla skogar. För det är de träslag som efterfrågas.

Men vart har gammelskogen tagit vägen. Den som var så artrik. Och var är alla lövträd som fanns förr i tiden? Vem planterar ek, lönn, björk ask och alm i sina skogar?

Träden är så viktiga att man inte kan förlita sig till Murphys lag, som lagen om all djävlighet kallas. Murphys lag går ut på att om så finns bara någonting någonstans som kan gå åt skogen, så kan man var övertygad om att det i slutänden också kommer att gå åt skogen med allt.

Skogsägarna säger att det inte har någon betydelse vad vi hugger ned i lilla Sverige. Klart det spelar roll!

Malm och mineraler:

Av malm och mineraler gör vi mycket. Bilar, flygplan och telefoner. You name it!

Gruvdriften i Sverige har sina baksidor precis som i alla länder. Gruvor läcker alltid när man rör om i underjorden. Fåglar dör av blyförgiftning. Koppargruvor, vars avrinnande vatten mycket kraftigt påverkar bottenfauna och som ger kiselalger av kombinerade försurnings och gifteffekter. Silvergruvor, där vattnet i trakten blivit otjänligt. Kvicksilver lakar ut från gamla gruvor och förorenar sjöar.
Länsstyrelsen menar att den måttlösa exploateringen av naturresurser i Norrbotten för efterfrågan på fjärran marknader är en del av den globala överkonsumtionen som leder till klimatkrisen, krisen för biologisk mångfald och näringsobalanskrisen.

Tekniknissarna säger att det inte har någon betydelse vad vi gör i lilla Sverige.
Klart det spelar roll!

Plast:

Man tänker att plast är tillverkat av olja, men det kan även komma från andra källor. Förnyelsebara råvaror som stärkelse, mjölksyra eller etanol från sockerrör kan också bli till plast. Titta omkring dig där du sitter eller står just nu. Hur många saker kan du se som är helt eller delvis gjorda av plast? Chansen är stor att du inte orkar räkna färdigt. Plast finns i förpackningsmaterial, plastpåsar, din dator, telefon, köksapparater, kläder, skor, golv, knappar, små detaljer överallt. Det är ett tecken på hur många varianter av plaster som finns, och hur beroende vi är av materialen.
Det är 46 kg plast per person och år som produceras, 40 procent av all plast användas till engångsartiklar.
Vi producerar 280 miljoner ton plast per år, Det tillverkas varje sekund 9900 kg plast. Det kan jämföras med den årliga världsproduktionen av bomull på cirka 25 miljoner ton och stål på cirka 1000 miljoner ton. Av all denna plast används cirka 40 procent till engångsprodukter, till exempel matförpackningar och plastpåsar. Produktionen av plast från förnyelsebar råvara var cirka 1,6 miljoner ton år 2012, varav 0,6 miljoner ton var biologiskt nedbrytbar. En pytteliten del av den totala plastproduktionen alltså, men som förväntas öka kraftigt under kommande år.

Med tanke på hur mycket plast som hamnar i havet just nu har vi 150 miljoner ton som ligger och flyter runt i våra vatten. Problemet med plast är just detta att mycket av plasten hamnar i havet och naturen.

Fiskarna får i sig mikroplaster, vilket resulterar i att de dör. Ett annat problem är att vi får i oss mikroplaster i fisken vi äter. Varje timme flyter så mycket skräp iland längs med Bohuskusten i Sverige att det motsvarar fem fulla badkar. En väldigt stor del (80%) av det som slängs i våra betydelsefulla hav kommer från land i form av sopor som slängs på gator och torg och som med hjälp av vindar, floder, regnvatten och snödumpning förs mot havet. Tyvärr används våra hav och sjöar som soptippar i stor utsträckning när en fungerande sophållning på land brister. Havets ebb och flod bidrar också till att skräp från stränder och kustremsor spolas ut med vågorna.

Få miljöproblem i världen är så märkbara som plastnedskräpning. Så gott som vart man än reser så ser man spår av människors närvaro i form av plastskräp. Plast har väldigt lång nedbrytningstid; det kan ta hundratals år för en bit plast att helt försvinna i naturen. Detta innebär att mycket av den plast som tillverkats fortfarande finns kvar i en eller annan form i vår miljö. Över hela världen hittar vi skräp av plast, nästan överallt. Vid vägrenen, omkring soptippar, i hav och sjöar, och i fiskar och fåglars svältande bukar.

Vad trött man blir på det eviga tugget om att det inte har någon betydelse vad vi gör i lilla Sverige. Klart det spelar roll! Även den bäste kan vara sämst. Vi är i många delar världsledande på överkonsumtion. Då bör vi också kunna vara världsledande när det gäller miljö och klimat.

Gillis Krönika.

Torkan sätter sina spår vart man än går.
Det är inte bara Sverige som drabbats av brist på grundvatten. I torra länder som Spanien har man under de senaste 20 åren förlorat 20% av grundvattnet.
I delar av Asien ännu mer.

70% av jordens färskvattenresurser går åt i jordbruket.
Till köttproduktion och kläder bl.a.
Till att producera ett enda kilo nötkött åtgår 85 badkar vatten.
Till att tillverka ett par bomullsjeans åtgår 41 badkar vatten samt 1,5 kg kemikalier.
Till en enda ny T-shirt som görs av bomull åtgår 20 badkar vatten och 1kg kemikalier.

Nästan var tredje tillverkat plagg används aldrig.
Modesvängningar gör att mycket blir osålt.
Resten hänger ett tag i en garderob tills de slängs.
Det mesta eldas vanligen upp på soptippen tillsammans med en stor del av matsvinnet.

Tillverkning av kläder sker i flertal fall under vidriga arbetsförhållanden, i länder där det gått så långt att tjänligt vatten blivit till en bristvara. Under de senaste 18 åren har klädproduktionen i världen fördubblats, men inte befolkningen.

Men det är långt ifrån alla som överkonsumerar.
Trots att överproduktionen nu är gigantisk.
Vi andra får väl säga som i kosmetikareklamen.
I'm worth it..

Diagnos och symptom.

En överkonsumtion får naturligtvis konsekvenser. Speciellt om det handlar om en hel planets naturresurser.
En i många stycken sjuk överkonsumtion som på inget sätt är nödvändig.
Diagnos brukar det kallas när man går till botten med sjukdomar.
Symptom kallas det man berättar för doktorn om krämporna man upplever som besvär.
Ett av symptomen på överkonsumtionen är definitivt den globala uppvärmningen som FN:s klimatpanel IPCC anger beror på växthuseffekten, vilket vetenskapens forskare har stor samsyn om.

Rapporterna från IPCC finns tillgängliga på nätet, men bara på engelska.
De är också inramade av vetenskapliga termer, vilket gör rapporterna nästintill omöjliga att förstå med vanlig skolengelska. Speciellt för den som bara gått folkskola.
Naturvårdsverket ger en alldeles utmärkt grundskildring av klimatläget sett ur IPCC:s synvinkel. Numera är det SMHI som förmedlar information om klimatrapporter vidare till Regering och Riksdag.

Naturvårdsverkets information

Fakta om klimat:

Jordens klimat blir allt varmare. FN:s klimatpanel IPCC har slagit fast att människans påverkan ligger bakom merparten av den temperaturökning som skett sedan 1900-talets mitt. Fortsatta utsläpp innebär fortsatt stigande temperatur

Klimatet har varierat naturligt i alla tider. Men den snabba förändring som nu sker är människans verk. Mätningar visar att sedan 1800-talets andra hälft har medeltemperaturen ökat med i närheten av en grad. Det är inte bara luften som värms upp, även världshaven blir varmare och världens isar smälter.

Med klimat menas de genomsnittliga väderförhållandena under en längre tid. Det innebär att vi måste följa temperaturens variationer under årtionden för att kunna avgöra hur klimatet förändras. Det räcker inte med att titta på enstaka år.

Tydliga budskap från klimatforskningen:

FN:s vetenskapliga klimatpanel IPCC utvärderar regelbundet kunskapsläget om klimatets förändring. Panelen konstaterar bland annat att:
Vart och ett av de tre senaste årtiondena på jordytan har varit varmare än samtliga tidigare årtionden sedan 1850. På norra halvklotet har de senaste årtiondena sannolikt varit de varmaste under åtminstone de senaste 1400 åren. Koncentrationen av växthusgaser i atmosfären har stigit till nivåer utan motsvarighet under åtminstone de senaste 800 000 åren. Koncentrationen av koldioxid har ökat med 40 procent sedan förindustriell tid, i första hand till följd av förbränning av fossila bränslen och i andra hand på grund av förändrad markanvändning.

Avvikelser från global genomsnittlig yttemperatur 1850–2017

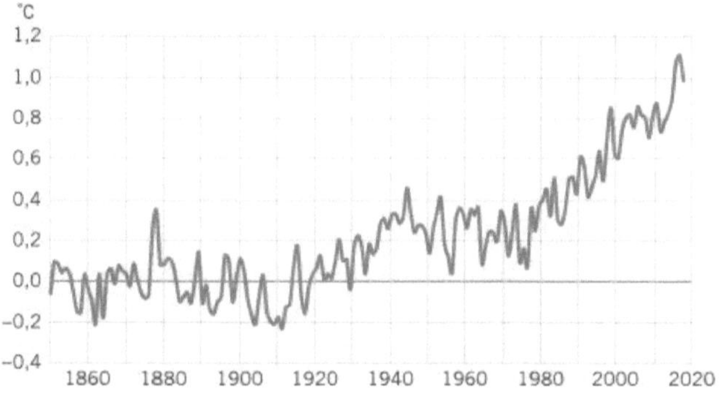

De senaste decennierna har den globala medeltemperaturen stigit påtagligt. Avvikelserna i figuren är i förhållande till temperaturgenomsnittet för perioden 1850–1900. Källa: Climatic Research Unit, University of East Anglia.

Klimatet förändras:

Klimatets förändring diskuteras ofta som en framtidsfråga. Men mätningar och observationer visar att klimatet redan förändrats till följd av människans påverkan. Många av de klimatförändringar som observerats saknar motsvarighet under tusentals år.
De senaste hundra åren har jordens klimat slagit in på en ny bana. Under lång tid dessförinnan förändrades temperaturen ganska långsamt och måttligt, men i början av 1900-talet inleddes en kraftig uppvärmning med förändringar i klimatet som följd. Klimatet förändras dock inte på samma sätt överallt på jorden. På en del håll har temperaturen stigit betydligt mer än den genomsnittliga ökning på ungefär 1 grad som uppmätts sedan 1900-talets början.
På andra håll har temperaturökningen varit mindre.

Den temperaturökning som hittills ägt rum leder till en rad förändringar runt om på jorden,

Avsmältningen av Arktis havsis går snabbt.
Isens utbredning har minskat markant under de senaste decennierna. Mest tappar isen volym på sommaren, den årliga minsta utbredningen har blivit ca 13 procent mindre per årtionde sedan 1980-tales början.

Inlandsisen på Grönland har förlorat massa i en ökande takt de senaste 20 åren.
Ökad avsmältning på ytan är en av faktorerna bakom det.

Glaciärer är på tillbakagång i de flesta av jordens bergstrakter. I en del fall är tillbakagången dramatisk som i Alperna och på Kilimanjaro. I Alperna är glaciärerna mindre nu än de tycks ha varit på flera tusen år.

Snötäcket på norra halvklotet har minskat. Minskningen syns främst genom att snön smälter tidigare på vår och försommar.

Antalet kalla dagar och nätter har minskat och antalet varma dagar och nätter har ökat i världen som genomsnitt. Frekvensen av värmeböljor har ökat i några delar av Europa, Asien och Australien och det har blivit vanligare med kraftig nederbörd på land i flera regioner. Frekvensen av väderförhållanden med häftig nederbörd har ökat i Nordamerika och i Europa.

Mängden nederbörd på norra halvklotet har ökat över land på de mellersta breddgraderna (30-60 grader).

Temperaturen i permafrosten har stigit i de flesta regioner, vilket orsakat en betydande reduktion i permafrostens tjocklek. I bland annat nordvästra Ryssland har även en minskad utbredning noterats.

Världshaven lagrar mycket av värmeenergin som tillförts klimatsystemet. Ökad temperatur har uppmätts i haven, framförallt i de övre vattenlagren ner till 700 meters djup.

Mellan 1901 och 2010 steg havet med i genomsnitt 19 centimeter. Den genomsnittliga ökningen var 1,7 mm per år, takten ökade under slutet av perioden (1993-2010) till 3,2 mm per år. Den högre takten har hållit i sig även efter 2010. Ökningen orsakas framförallt av avsmältning från landbaserad is och av att vatten utvidgas när det blir varmare.

Antarktis inlandsis har förlorat massa de senaste tjugo åren. Här är det i princip inte fråga om avsmältning – temperaturen når mycket sällan över noll – men däremot har flera av glaciärtungorna i inlandsisens utkanter börjat röra sig snabbare än de gjorde tidigare.
Den genomsnittliga årliga utredningen av havsisen i Antarktis har varit svagt ökande sedan regelbundna satellitmätningar inleddes 1979. Stora regionala skillnader noteras i området, isen ökar i utbredning i vissa områden och minskar i andra. Förändringar i vindförhållandena bedöms vara en viktig faktor.

Världshaven beräknas ha tagit upp cirka 30 procent av de utsläpp av koldioxid som vi tillfört atmosfären sedan 1870. Ett ökat innehåll av koldioxid sänker vattnets pH-värde och havsvattnet försuras. Världshaven är i dag 26 procent surare jämfört med förindustriell tid. Detta är ytterligare en effekt av koldioxidutsläppen (alltså inte orsakad av uppvärmningen).

Klimatet förändras i Sverige:

Förändringarna i Sveriges klimat liknar de förändringar som observerats på andra håll i världen. Mätningar visar på en viss ökning av årsnederbörden och mindre snö och is vintertid. Men variationerna mellan enskilda år är och kommer fortsatt att vara stora.
På en enskild plats kan vädrets naturliga skiftningar vara så stora att årsmedeltemperaturen varierar flera grader från ett år till ett annat. Variationerna skapar ett brus som gör det besvärligt att urskilja mer långsiktiga klimatförändringar som liknar global trend.
Temperaturförändringar i ett enstaka land som Sverige kan vara svåra att relatera till trender i medeltemperatur för hela jorden. I sådana mätserier tar vädrets lokala variationer i olika världsdelar till stor del ut varandra, och trenden i ett mindre geografiskt område kan vara svår upptäcka i mätserien. Ändå kan det konstateras att uppvärmningen sedan slutet av 1800-talet har varit ännu kraftigare i vårt land än i världen som helhet.

Det finns likheter mellan de globala och de svenska variationerna i årsmedeltemperaturen, till exempel var slutet av 1800-talet kallare än 1900-talet. Det senaste kvartsseklet har varit en period med stigande årsmedeltemperatur. Sedan 1988 har alla år utom två varit varmare eller mycket varmare än genomsnittet för 1961–1990.

Det går att se en viss ökning av årsnederbörden i Sverige för de senaste 100 åren, men variationen inom landet är stor. Exempelvis är de västra fjälltrakterna ur fas med övriga Sverige, det vill säga man har oftast vått när det är torrt i övriga landet och vice versa.
I Sverige har vi under de senaste trettio åren haft en uppseendeväckande mängd översvämningsproblem och tillrinningarna till sjöar och vattendrag har, med vissa undantag, legat högt sedan mitten av 1980-talet. Dessa företeelser beror på mildare vintrar och en tendens till mer nederbörd.

I likhet med de flesta av jordens bergstrakter tycks också de svenska glaciärerna vara på tillbakagång. Dessutom har man observerat förändringar av i vilken årstid islossning sker för sjöar och stora floder i Sverige, vilket är direkt kopplat till en förändring av lufttemperaturen.
Under de senaste 40 åren har islossningen i genomsnitt inträffat omkring 20 dagar tidigare i södra Sverige och omkring nio dagar tidigare i norra Sverige.

Därför blir det varmare:

Huvudorsaken till uppvärmningen av jordens klimat är den förändring av luftens kemiska sammansättning som människan orsakar genom utsläpp av växthusgaser, främst koldioxid. Växthusgaserna förstärker atmosfärens förmåga att värma jordytan; den så kallade växthuseffekten blir starkare.
Utsläpp av koldioxid via förbränning av fossila bränslen världen över är den viktigaste orsaken till klimatets nuvarande förändring. Även markanvändning, främst skogsavverkning, bidrar. De globala koldioxidutsläppen har ökat successivt, och uppgår i dag till cirka 35 miljarder ton per år. Luftens koldioxidhalt har ökat med cirka 50 procent sedan förindustriell tid, och den fortsätter att stiga med ungefär 0,4 procent per år. Andra växthusgaser som lustgas (dikväveoxid) har ökat med ungefär 20 procent, och metanhalten med ungefär 150 procent.

Klimatet på jorden påverkas av naturliga fenomen som exempelvis vulkanutbrott, det påverkas av solens aktivitet och av förändringar i jordens rörelser runt solen och runt sin egen axel. Att temperaturen började stiga under 1900-talets första decennier torde delvis ha berott på ökande solaktivitet och minskande vulkanism.
Under senare decennier har solaktiviteten dock varit relativt låg, medan vulkanismen har tilltagit.
Båda dessa förändringar har en kylande verkan.

Trots det har uppvärmningen fortsatt, en uppvärmning som endast kan förklaras med människans påverkan genom utsläpp av växthusgaser och förändrad markanvändning.

Utöver koldioxid släpper vi ut flera andra växthusgaser. Hit hör främst metan och lustgas, men också ett antal fluorhaltiga gaser, däribland klorfluorkarboner (även kallade CFC eller freoner). Alla dessa ämnen släpps ut i långt mindre kvantiteter än koldioxiden, men eftersom de är betydligt effektivare som växthusgaser räknat per ton ger de ändå betydande bidrag till växthuseffekten.

Partiklar döljer uppvärmning:

Den förstärkning av växthuseffekten som vi människor har åstadkommit förklarar den pågående uppvärmningen. Egentligen skulle utsläppen av växthusgaser kunnat höja temperaturen ännu mer än vad som hittills skett. Men människan släpper också ut föroreningar som bildar partiklar i atmosfären, och de flesta sådana partiklar har en kylande inverkan på klimatet. På så sätt döljer de en del av växthusgasernas värmande effekt.
Fortsatt temperaturhöjning är att vänta.

I industriländerna var partikelutsläppen särskilt stora under decennierna närmast efter andra världskriget. Det torde vara en viktig förklaring till varför uppvärmningen på norra halvklotet tillfälligt bromsade in under perioden 1945-1975.
På södra halvklotet har partikelutsläppen varit mindre, och där har temperaturen stigit i jämnare takt. Under senare tid har industriländernas partikelutsläpp avtagit, och växthusgasernas uppvärmande effekt har därför kunnat slå igenom med ökad kraft även på norra halvklotet.

Marken, haven, skogen, atmosfären och alla levande organismer är naturliga förråd av grundämnet kol.
I dag råder obalans i kretsloppet mellan förråden.
Vi människor förorsakar en stigande halt av koldioxid i luften, det förändrar i sin tur jordens klimat.

Fossila bränslen har bildats av växter och andra organismer som fanns på jorden för många miljoner år sedan. Medan de levde tog växterna upp koldioxid från luften och använde ämnet som råmaterial för sin egen tillväxt. Allt levande är uppbyggt av kolföreningar, och även de fossila bränslena består därför till stor del av grundämnet kol. När vi eldar upp bränslena förenas detta kol med syre från luften och frigörs på nytt i form av koldioxid.

Genom vår utvinning och förbränning av fossila bränslen har atmosfären nu på bara ett par sekler återfått koldioxid som forna tiders växter tog upp från atmosfären under loppet av miljontals år. På så sätt har vi rubbat kolets naturliga kretslopp. Luften tillförs mer koldioxid än den hinner bli av med. Koldioxid är en kraftfull och långlivad växthusgas som ökar snabbt i atmosfären.

Koldioxid frigörs också när vi eldar med ved och andra biobränslen. Men det finns en avgörande skillnad mellan koldioxidutsläpp från "färska" bränslen av det slaget och utsläppen från fossila bränslen. När vi bränner ved återfår atmosfären koldioxid som träden tog upp därifrån för bara några år eller decennier sedan. Om veden i stället fick bli kvar i skogen skulle den ändå brytas ned till slut, antingen genom förmultning eller genom skogsbrand, även då skulle den återlämna sitt innehåll av kol till luften i form av koldioxid. Förbränning av ved kan därför ses som en del av kolets naturliga kretslopp mellan luft och vegetation. Det betyder att eldning av ved normalt inte bidrar till människans nuvarande förstärkning av växthuseffekten.

En förutsättning är att den förbrukade veden ersätts med nya träd som kan ta upp den frigjorda koldioxiden igen.

Värdens skogar är betydande kolförråd. Avskogning förekommer framför allt i en del tropiska länder, men förr minskade skogsmarken även i vår del av världen. Skog fick ge plats för åker och betesmark. I Sverige vände den utvecklingen i början av 1900-talet. Sedan dess har mängden virke i våra skogar nästan fördubblats, framför allt genom plantering, gödsling och annan skogsvård. Dessutom har det ökade kvävenedfallet över Sverige bidragit till att de svenska skogarna växer snabbare.

Det här betyder att den svenska skogen har bundit allt mer koldioxid. Annorlunda uttryckt har den blivit en "koldioxidsänka" – den har "sugit upp" en del av luftens koldioxidöverskott. Detsamma gäller i många andra länder på norra halvklotet, resultatet är att koldioxidhalten i atmosfären inte har stigit fullt så snabbt som den annars skulle ha gjort.

Ekosystem kan omvänt också fungera som koldioxidkällor – det sker när avgången av koldioxid är större än upptaget. Kolet i biomassa kan, till skillnad från kolet i de fossila reservoarerna, beskrivas som ett "lättrörligt" kolförråd.

Vattenmassorna i världens hav har en viktig roll i kolcykeln, ytvattnet tar upp stora mängder koldioxid som sedan transporteras ner till större vattendjup och lagras. De största vattenvolymerna finns i de stora havsdjupen, här finns också den största kapaciteten för koldioxidlagring.

Vattnet mellan ytskikt och djuphav omsätts dock mycket långsamt. Hittills beräknas världshaven ha lagrat knappt 30 procent av den koldioxid människan släppt ut sedan 1870. Som en följd har försurningen av havsvattnet ökat, med effekter på marina ekosystem.

Alla gaser som finns i luften är i stort sett genomskinliga för ljus. Ljuset från solen tar sig därför nästan obehindrat ned genom atmosfären. En hel del av solljuset absorberas, "sugs upp", av mark och vatten och omvandlas till värme. All denna energi sänds sedan tillbaka från jordytan ut mot rymden, men inte i form av ljus utan i form av värmestrålning.

Atmosfären består till nästan 99 procent av syre och kväve, och båda dessa gaser släpper fram värmestrålning, även kallad infraröd strålning, lika lätt som de släpper fram ljus.

I mindre mängder innehåller luften också gaser som delvis är ogenomskinliga för infraröd strålning. Dessa gaser fångar upp (absorberar) en hel del av värmestrålningen från jordytan. Den värmestrålning som absorberats skickas snabbt ut på nytt, men inte bara mot rymden, utan i alla möjliga riktningar, även tillbaka mot jorden.

Mycket av den värmeenergi som jordytan har försökt bli kvitt genom att stråla ut den mot rymden kommer på så sätt i retur från atmosfären. Jordytan tar alltså emot energi inte bara från solen utan också från luften, och den blir därför betydligt varmare än den skulle ha blivit om luften inte hade funnits.

Det är denna extra uppvärmning som vi kallar för växthuseffekten – atmosfären håller kvar värmeenergin från solen ungefär som glasväggarna håller kvar värmen i ett växthus. De gaser som fångar upp värmestrålning och därmed bidrar till växthuseffekten kallas växthusgaser. Växthuseffekten är en förutsättning för liv på jorden
De viktigaste växthusgaserna i jordens atmosfär är vattenånga, koldioxid, metan och dikväveoxid (lustgas). De finns i luften sedan gammalt och åstadkommer på så sätt en kraftfull naturlig växthuseffekt. Utan den effekten skulle det ha varit 35 grader kallare på jorden än det är i dag, och då hade förmodligen inget liv kunnat utvecklas här.

Växthuseffekten i sig är alltså inget problem, tvärtom. Problemet är i stället att människan förstärker effekten genom att släppa ut växthusgaser i luften. Luftens koldioxidhalt har ökat med ungefär 50 procent sedan förindustriell tid, och den fortsätter att stiga med ungefär 0,5 procent per år. Mängden dikväveoxid har ökat med ungefär 20 procent, och metanhalten med över 150 procent. Det är därför temperaturen på jorden nu stiger i snabb takt.

Vattenånga är den viktigaste växthusgasen:

Vattenångan är den allra viktigaste växthusgasen i atmosfären – den står för åtminstone tre fjärdedelar av den naturliga växthuseffekten. Luftens innehåll av vattenånga påverkas inte direkt av människan utan är i stället mest beroende av temperaturen. Ju varmare det är, desto mer vatten i ångform kan finnas i atmosfären och desto mer vatten avdunstar från jordytan och blir till ånga i atmosfären. Varje temperaturhöjning – oavsett vad den beror på – leder alltså till att vattenångehalten ökar i luften och att växthuseffekten därigenom förstärks. Då stiger temperaturen ännu mer – det blir med andra ord ”rundgång” (i vetenskapliga sammanhang talar man om ”positiv återkoppling”). På indirekt väg kan människan därför trots allt påverka vattenångan och dess uppvärmande effekt. När vi exempelvis släpper ut koldioxid och därigenom höjer temperaturen på jorden blir följden att även halten av vattenånga stiger.
Det finns också andra slags positiva återkopplingar som förstärker växthusgasutsläppens inverkan på klimatet.
På egen hand uppskattas en fördubbling av luftens koldioxidhalt bara kunna värma upp jorden med drygt en grad, men med återkopplingarnas hjälp uppskattas uppvärmningen, till följd av en sådan fördubbling, i själva verket kunna bli omkring tre grader.

Förutom koldioxiden har också växthusgaser som metan och lustgas (dikväveoxid) ökat i atmosfären på grund av människans verksamhet.
Atmosfärens halt av växthusgaser är i dag högre än vad den varit sedan minst 800 000 år tillbaka.
Utsläppen av växthusgaser som metan och lustgas kommer från flera olika slags källor. Metan sipprar exempelvis ut från soptippar och risodlingar, och får och kor rapar upp gasen ur sina innandömen när de idisslar. Metan är dessutom huvudingrediensen i naturgas och kan därför läcka ut när man utvinner eller transporterar sådan gas.
Lustgas frigörs framför allt från kvävegödslad åkermark.
Både metan och lustgas når också ut i luften från naturliga källor såsom sumpmarker och skogsjordar. De naturliga utsläppen är av ungefär samma storleksordning som människans.

Människan släpper också ut en del föroreningar som i sig själva inte är växthusgaser, men som leder till att koldioxid, metan, ozon eller andra växthusgaser bildas i atmosfären. Till dessa föroreningar, som vi kan kalla indirekta växthusgaser, hör exempelvis kolmonoxid och en del kolväten. Trafik är den största källan till utsläppen.
Ozon och många indirekta växthusgaser är även farliga för människors hälsa. Marknära ozon kan också orsaka betydande skador på växtligheten.

En del andra växthusgaser är helt nya i atmosfären – de fanns inte alls förrän människan började tillverka dem för några decennier sedan. Hit hör framför allt ett antal gaser som innehåller fluor. De så kallade freonerna, som egentligen heter klorfluorkarboner eller CFC, är de mest kända.
Oavsett hur freonerna används riskerar de att förr eller senare läcka ut i luften. På 1980-talet stod det klart att de bryter ned det ozonskikt som finns uppe i stratosfären och som skyddar oss från solens skadliga ultravioletta strålning.

Ozonet i stratosfären bidrar i viss mån till atmosfärens naturliga växthuseffekt. Genom att freonerna har tunnat ut ozonskiktet är det bidraget numera mindre än förr, men detta uppvägs mer än väl av att freonernas egen växthusverkan är mycket kraftfull. För att skydda ozonskiktet har vi på senare år minskat eller helt upphört med användningen av freoner, men betydande mängder av dessa ämnen finns fortfarande kvar i atmosfären.
I en del sammanhang där man tidigare utnyttjade freoner används numera i stället en närbesläktad grupp av ämnen som kallas fluorkolväten eller HFC. Dessa påverkar inte ozonskiktet, men de är i likhet med freonerna växthusgaser, och de uppträder nu i ökande halter i atmosfären.

Liksom koldioxiden är freoner och andra fluorhaltiga växthusgaser mer eller mindre långlivade i luften. De flesta överlever där åtminstone något hundratal år innan de bryts ned, men för några kan livslängden räknas i tiotusentals år. Också metan och lustgas överlever åtskilliga år i atmosfären. Det betyder att så gott som alla växthusgaser som människan släpper ut är så långlivade att de hinner spridas i hela lufthavet innan de försvinner därifrån. Det spelar alltså ingen roll var på jorden gaserna når ut i atmosfären. Deras inverkan på växthuseffekten och klimatet blir densamma oavsett om de släpps ut i Sverige eller på andra sidan jordklotet.

I jämförelse med koldioxiden har övriga växthusgaser som släpps ut av människan mycket kraftigare verkan på klimatet räknat per ton. Sett på hundra års sikt bidrar exempelvis ett utsläpp av metan cirka trettio gånger mer till växthuseffekten än ett lika stort utsläpp av koldioxid, medan freoner har tusentals gånger större växthusverkan än samma mängd koldioxid. Men utsläppen av koldioxid är så gigantiska att de ändå står för mer än hälften av människans sammanlagda klimatpåverkan.

Människan påverkar klimatet inte bara genom sina utsläpp av växthusgaser. Även föroreningar släpps ut, med avkylande verkan. Precis som vid vulkanutbrott kan vissa utsläpp av mikroskopiska partiklar reflektera en del av solljuset ut i rymden innan det har hunnit värma upp jordytan.

Även i det här sammanhanget spelar de fossila bränslena en viktig roll. Stenkol och olja innehåller exempelvis alltid en viss mängd svavel, och en stor del av detta svavel bildar partiklar (så kallade sulfatpartiklar) när det når ut i atmosfären i samband med förbränningen.

Partiklarna i luften kan även påverka klimatet indirekt. Molnen i den lägre atmosfären består av mängder av mycket små vattendroppar som har bildats kring partiklar. Om partiklarna i luften blir fler på grund av människans utsläpp, kan antalet sådana droppar öka i molnen, som då kan bli bättre på att reflektera solljus tillbaks till rymden. Det förstärker i sin tur partiklarnas kylande effekt.

Genom att öka luftens innehåll av kylande partiklar har vi alltså "maskerat" en del av växthusgasutsläppens uppvärmande verkan. Maskeringen har blivit särskilt effektiv i tättbefolkade områden med stora industriutsläpp. Här skulle uppvärmningen sedan 1900-talets början förmodligen ha blivit betydligt större än den faktiskt uppmätta om det inte hade varit för alla partiklar i atmosfären.

I Europa har utsläppen minskat av svavel och andra föroreningar som bidrar till att det bildas partiklar i atmosfären. Luften har därigenom blivit hälsosammare, men samtidigt har partiklarnas kylande verkan avtagit. Växthusgasernas uppvärmande effekt kan därigenom slå igenom med större kraft än tidigare. Den förändringen har dessutom gått snabbt, eftersom partiklarna är kortlivade i luften. För det mesta faller de till marken inom några dagar, medan växthusgaserna däremot kan bli kvar i atmosfären i decennier, sekler eller ännu längre.

Den kylande effekten av våra föroreningsutsläpp är alltså övergående, medan växthusgasernas uppvärmande effekt är långvarig.
I exempelvis Indien och Kina ser situationen delvis annorlunda ut än i Europa. Särskilt på landsbygden eldar man där till stor del på öppna härdar, oftast med ved men även med kodynga och andra lågvärdiga bränslen.
Det leder till stora utsläpp av sotpartiklar som är så mörka att de fångar upp solljus i stället för att reflektera det. Lokalt kan sådana partiklar därigenom förstärka uppvärmningen istället för att motverka den.

Det stora flöde av energi som jorden tar emot från solen utgör själva motorn bakom allt väder och en förutsättning för hela vår tillvaro. Utan solen skulle vår planet vara en djupfryst stenklump där knappast något kunde leva. Redan små förändringar av den mängd solenergi som når jordytan räcker för att åstadkomma kraftiga förändringar av klimatet. De kan rentav leda till att en istid börjar eller slutar. De gångna årmiljonernas återkommande ned-isningar har orsakats av variationer i jordaxelns riktning och jordens bana runt solen – sådana variationer inverkar på hur mycket solljus olika delar av jordytan tar emot under olika årstider.
För drygt 100 000 år sedan började solinstrålningen till polartrakterna i norr på det här sättet minska sommartid, och det blev inledningen till den senaste istiden.
Somrarna blev så svala att snön från föregående vinter aldrig hann smälta innan det blev vinter igen.
I stället växte snötäckena på höjden och blev till tjocka inlandsisar.

För ungefär 20 000 år sedan blev solinstrålningen i norr i stället kraftigare än vanligt på sommaren, och då började isarna smälta bort. För 10 000 år sedan var istiden till ända, men då hade solinstrålningen redan börjat minska igen, och den minskningen fortsätter än i dag. Efter att ha nått en topp kort efter istiden sjönk temperaturen på jorden därför sakta ända fram till början av 1900-talet. Hade inte människan sedan dess börjat styra över klimatet med sina utsläpp, skulle vi förmodligen hamnat i en ny istid inom några tiotal årtusenden in i framtiden.

Sett i mycket kortare tidsskala förändras solinstrålningen också genom att solen själv varierar en aning i ljusstyrka. Vissa tider uppträder många fläckar, eruptioner och annan aktivitet på solytan, och då lyser solen en knapp promille starkare än vanligt. Solaktiviteten når ett maximum med ungefär elva års mellanrum, och noggranna analyser har visat att det då blir en smula varmare på jorden än annars. Men förändringarna är inte större än en tiondels grad, och oftast drunknar de bland alla andra skiftningar i väder och klimat.

Solaktiviteten har avtagit igen:

Vi har inte kunnat mäta variationerna i solens ljusstyrka i mycket mer än trettio år, men det är förstås tänkbart att de längre tillbaka i tiden var större än nu. Vi vet att topparna i solaktiviteten blev allt högre under första halvan av 1900-talet, och detta kan möjligen ha bidragit till den tydliga uppvärmning som ägde rum på jorden under samma tid. Men under senare decennier har solaktiviteten snarare avtagit igen, och vi ser inga tecken till någon långsiktig ökning av solens ljusstyrka. Solen fungerar därför dåligt som förklaring till den snabba temperaturhöjning vi har varit med om sedan 1970-talet.
Enligt en hypotes skulle solaktiviteten likafullt kunna påverka jordens klimat via sin inverkan på den kosmiska strålningen (strålning från avlägsna källor i Vintergatan). När solen är aktiv blir denna strålning svagare än vanligt, och vice versa. Hypotesen att strålningen kan förändra klimatet har förblivit obekräftad, men inte ens om den stämde till punkt och pricka skulle den kunna förklara den nutida uppvärmningen. Lika litet som solaktiviteten har den kosmiska strålningen nämligen genomgått någon långsiktig förändring under senare decennier.
Längre tillbaka i tiden är det möjligt att den varierade mer än nu, men det duger inte som förklaring till klimatförändringar som äger rum i dag.

Stora vulkanutbrott har en väl dokumenterad förmåga att påverka klimatet. Utbrotten kan fylla den övre atmosfären med mycket stora mängder stoftpartiklar.

Efterhand sprids partiklarna kring hela jorden.
Stoftpartiklarna reflekterar en del av ljuset från solen.
Då kyls klimatet nere vid jordytan ned.
Efter den ostindiska vulkanen Tamboras utbrott år 1815 blev det så kallt att 1816 i stora delar av Europa och Nordamerika fick benämningen ”året utan sommar”.
Ett annat exempel är den filippinska vulkanen Pinatubos utbrott år 1991. Då sänktes temperaturen på norra halvklotet med ett par tiondelar av en grad, åren 1992–1993.
Effekterna på klimatet efter ett enskilt vulkanutbrott är ganska kortvariga. Det beror på att de vulkaniska partiklarna sällan lyckas hålla sig svävande i luften mer än ett par år. Men om flera utbrott äger rum i ganska tät följd, kan det medföra en avkylning som varar i något eller några årtionden.
Kring förra sekelskiftet inträffade en rad sådana vulkanutbrott. De inleddes med 1883 års våldsamma utbrott på vulkanön Krakatau och avslutades med ett utbrott i Alaska 1912. Därefter var den vulkaniska aktiviteten ganska låg i flera decennier, vilket kan ha bidragit till att temperaturen på jorden steg under 1920- och 1930-talen.
Mot slutet av 1900-talet kom en ny serie explosiva vulkanutbrott som nådde sin höjdpunkt med vulkanen Pinatubos utbrott 1991. Sannolikt var utbrottet det största under hela 1900-talet.
De här utbrotten medförde tillsammans att vulkanismens avkylande effekt ökade något under 1900-talets sista decennier. Trots det blev det allt varmare på jorden under den perioden.

Vulkanutbrott ligger dock inte bakom den senaste tidens klimatförändringar.

Det framtida klimatet bestäms i allt väsentligt av halten av växthusgaser i atmosfären, det vill säga av de utsläpp som skett hittills, de som sker i dag och i framtiden. Utsläppens nuvarande storlek och ökningstakt sammanfaller med en beräknad temperaturökning på omkring 4 grader mot slutet av 2000-talet.
Världen blir varmare. Även om världens länder genomför kraftiga begränsningar av sina utsläpp de närmaste årtiondena kommer jordens klimat fortsätta att förändras de kommande seklerna. Orsaken är att växthusgaserna stannar kvar under lång tid i atmosfären samt att det finns en tröghet i klimatsystemet – det tar lång tid innan klimatet hinner reagera fullt ut på olika slags påverkan. Även om utsläppen helt skulle upphöra behöver världshavets temperatur decennier eller rentav sekler för att stabiliseras, och inlandsisarna reagerar ännu långsammare. Först efter hundratals eller kanske tusentals år märks hur stor inverkan våra utsläpp av växthusgaser egentligen får på jordens klimat.

Forskarna beräknar framtidens klimat med datorbaserade klimatmodeller. Dessa avancerade modelleringar tar hänsyn till såväl fysikaliska processer i atmosfären, i haven och vid jordytan, som förändringar i växtlighet och biogeokemi. I så kallade integrerade bedömningsmodeller (IAM) ingår även uppgifter om befolkningsutveckling, teknikval och andra faktorer som ligger till grund för världens utsläpp av koldioxid.

Resultatet presenteras i form av scenarier, så kallade Representative Concentration Pathways (RCP:er). Bland RCP-scenarierna finns scenarier som förutsätter kraftiga utsläppsminskningar inom kort, medan det scenario som ger den högsta temperaturökningen – RCP8,5 – innebär fortsatt höga utsläpp, och ger en temperaturökning på omkring 4 grader mot slutet av seklet. Scenarierna är avsedda som verktyg för planering och beslut om utsläppsminskande åtgärder liksom anpassning till klimatförändringar.
Många klimateffekter bedöms förstärka uppvärmningen, men det är svårt att veta när det sker och hur stort bidraget blir. Men kunskapen ökar, vi vet till exempel att smältande polaris och invandring av buskar och skog på det som idag är snötäckt tundra i Kanada, Ryssland och Skandinavien, kommer att minska solljusets reflektion från jordytan. Ett fenomen som successivt bidrar till att förstärka temperaturökningen.
Djuphavet kommer under flera sekler att fortsätta ta emot och lagra koldioxid. Men havsvattnets upptag beräknas inte kunna hålla jämna steg med dagens omfattande utsläpp. På sikt kan många av dagens stora kolförråd försvagas vilket skulle frigöra mer koldioxid liksom metan och ytterligare öka uppvärmningen.

Havsytans genomsnittliga nivå kommer att fortsätta att stiga under 2000-talet. Alla IPCC:s scenarier visar att takten kommer att öka jämfört med den takt med vilken havsytan stigit under perioden 1971 till 2010. Orsaken är ökad uppvärmning av haven samt avsmältning av glaciärer och inlandsisar.

Det högsta scenariot (RCP8,5) visar en höjning på mellan 0,52 och 0,98 m i förhållande till 1986–2005 till år 2100. Möjliga ännu högre höjningar diskuteras också av IPCC, osäkerheterna handlar inte minst om hur de havsbotten baserade antarktiska istäckena kommer att svara på uppvärmningen. Nivån kommer även att fortsätta stiga efter 2100, hur mycket beror av utsläppsutvecklingen.

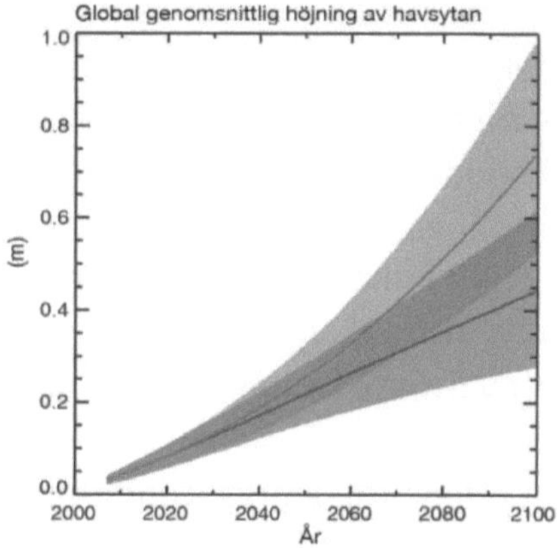

Figur som visar den genomsnittliga höjningen av havsytan, globalt sett. Figuren visar perioden år 2000-2100. Källa: IPCC.

Haven fortsätter att värmas upp under 2000-talet. Värme förväntas överföras från ytvattnet till djupare vatten och påverka cirkulationen i haven.

Nederbördsmönstren kommer att fortsätta ändras med generellt starkare kontraster mellan blöta och torra regioner. Stora regionala och lokala variationer ryms även fortsatt inom trenden. Även nederbördsextremer förväntas komma att ändras med exempelvis fler och mer intensiva skyfall i de flesta tempererade landområden och i tropikerna.

Fortsatta minskningar av havsisutbredningen i Arktis förväntas. I RCP8,5 visar många av modellerna att Arktis kan vara isfritt på sensomrarna redan före mitten av detta århundrade. Den globala glaciärvolymen fortsätter också att minska liksom utbredningen av permafrost på höga, nordliga breddgrader. I tillägg till detta minskar också snötäckets utbredning.

De framtida effekterna av klimatförändringarna är omfattande och svåra att överblicka. Effekterna kan vara både direkta och indirekta. Jordbrukets produktion väntas minska i många regioner, men öka inom andra. Följden kan bli stora folkomflyttningar och konflikter om knappa mat- och vattenresurser.
Effekterna av ett varmare klimat kommer att variera mellan olika regioner. På många håll i världen kan förutsättningarna för odling försämras. Länder kring ekvatorn, där en stor del av världens befolkning är bosatt, kan möta svåra utmaningar om uppvärmningen fortsätter. De scenarier som tonar fram i globala klimatmodeller visar på utbredd hetta och torka. Effekter i form av skördekatastrofer, svält och massflykt liksom effekter på länders och hela regioners ekonomier och finansiella system kan förväntas.

Även i Sydeuropa kan hettan och torkan under somrarna bli så svår att såväl turistnäring som jordbruk får stora problem. I tropikerna riskerar många länder att bli mer eller mindre ofruktbara, kanske näst intill obeboeliga.

Havsytans stigning innebär att låglänta kusttrakter och öar allt oftare sätts under vatten. Nilens tätbefolkade floddelta samt kusttrakterna i Bangladesh är exempel på områden som drabbas. Hela ö-nationer riskerar att helt försvinna under havets yta.

Nederbördsmängderna kan öka i många områden där det redan regnar rikligt, medan de kan befaras minska i många områden som redan nu har problem med torka. En allt mer besvärande sommartorka är att vänta i större delen av Europa, framför allt i de sydligare länderna men också så långt upp som i södra Sverige. Under höst och vinter blir nederbörden däremot sannolikt rikligare i nästan hela Europa, inte minst uppe i norr.
Smältande glaciärer påverkar inte bara havsytans höjning, de kan också ge effekter på livsmedelsförsörjningen i form av minskad tillgång på färskvatten. Glaciärernas tillbakagång kan ge allvarliga konsekvenser. Hundratals miljoner människor i stora delar av Kina och på den indiska halvön är beroende av stadig tillförsel av smältvatten från Himalayas glaciärer för att få dricksvatten och vatten till odlingar.
Många ekosystem hotas av undanträngning eller radikal omvandling om klimatet förändras. Det handlar om allvarliga konsekvenser för naturliga system som korallrev, glaciärer, nordliga skogar, tropiska skogar med flera. Arktis är till exempel extremt känsligt för klimatförändringar. Regionen utsätts redan för en snabb och allvarlig klimatförändring med stora konsekvenser för de djur och människor som lever i regionen.

Klimatförändringarna kommer att påverka hela samhället och få effekter för olika ekosystem och samhällssektorer. Variationerna i nederbörd mellan år och decennier bedöms bli än större än variationerna i temperatur. Nederbörden kommer att öka i större delen av landet under höst, vinter och vår. Sommartid får vi ett varmare och torrare klimat, särskilt i södra Sverige.

Effekter att vänta:

Ökad nederbörd i hela landet. En generell nederbördsökning väntas i hela landet. Även antalet tillfällen med intensiv nederbörd väntas öka. Mest väntas nederbörden öka i norra och västra Sverige. I fjälltrakterna kan nederbörden öka med uppemot 25 procent. Det betyder ett stort tillskott av vatten i ett redan i dag nederbördsrikt område.

Ökad nederbörd och mer intensiva regnfall ökar risken för översvämningar.
Vattenbrist och torka i södra Sverige. Förändringar i nederbörd liksom ökad avdunstning kan leda till ökad sommartorka i södra Sverige. Samtidigt väntas antalet skyfall bli fler och öka i intensitet även i södra Sverige.

Växtperiodens längd beräknas kunna öka med mellan en och två månader i hela landet utom längst i söder där ökningen kan bli uppemot tre månader.

För Sveriges del kan effekterna av ett varmare klimat till vissa delar vara positiva. Medeltemperaturen behöver bara öka en grad för att Sydsverige ska få det klimat som nu råder i centrala Tyskland. Odlingsförutsättningarna förbättras när klimatet blir mildare, något som förbättrar möjligheterna till ökad avkastning inom jord- och skogsbruk.

Mildare vintrar ökar å andra sidan risken att vi får hit skadeorganismer och smittbärare som kylan hittills har förskonat oss från. Att vintrarna blir blötare medför också tilltagande risk för översvämning längs vattendrag och sjöar. Högre havsnivå bidrar till ökad kusterosion i Skåne och kan i kombination med stormar öka översvämningsriskerna i södra Sveriges kuststäder.

Naturmiljön ställs inför nya förutsättningar. Visserligen kan Sveriges växt- och djurvärld berikas med en rad sydliga arter, men samtidigt trängs nordliga arter undan. Svenska fjällens samt Östersjöns växt- och djurliv bedöms särskilt känsliga för effekterna till följd av klimatförändringen.

Antalet dagar med kraftig nederbörd ökar under vinter, vår och höst i större delen av landet. Ser man till de intensivaste regnen är det fråga om betydande ökningar. Det innebär att avrinningen ökar i större delen av landet, mest i väster med risk för ökade flöden i vattendrag. Den ökade översvämningsrisken drabbar framför allt bebyggelse, vägar, järnvägar, och VA-system. Dricksvattenförsörjningen riskerar till exempel att slås ut genom förorening av vattentäkter eller genom ledningsbrott.

Sett ur ett globalt perspektiv dominerar de väntade klimatförändringarnas negativa följder för samhället över de positiva. Sverige kommer aldrig att kunna isolera sig från effekterna av störningar och väderhändelser som uppträder i andra delar av världen.

En global utmaning:

Människans utsläpp av växthusgaser orsakar klimatförändringar – en av de svåraste miljöfrågor som människan har ställts inför. Alla världens länder påverkas och alla är både en del av problemet och en del av lösningen. De globala utsläppen av växthusgaser behöver vändas från dagens ökning till en kraftig minskning. Det behöver ske inom de närmaste åren om halten av växthusgaser i atmosfären ska stanna på en nivå med hanterliga risker för allvarliga klimateffekter.
Utsläppen av växthusgaser måste minskas
Världens utsläpp av växthusgaser har under en lång period ökat kraftigt. Finanskrisen 2008/2009 bröt tillfälligt trenden, varefter utsläppen globalt åter fortsatt att öka. Ett trendskifte behövs, så att utsläppen varaktigt minskar, oavsett konjunktursvängningar. Hoppingivande är att utsläppsökningen under de senaste åren verkar ha mattats av vad gäller de globala utsläppen av koldioxid från fossilbränslen och industri.

Den totala mängden växthusgaser i atmosfären avgör hur klimatet utvecklas. Därför är det viktigt att alla länder, särskilt de med stora utsläpp, bidrar i det internationella arbetet för att minska utsläppen.
FN:s klimatkonvention har som mål att "halten av växthusgaser ska stabiliseras på en nivå som innebär att människans påverkan på klimatsystemet inte blir farlig".

Tre sätt att beräkna klimatpåverkande utsläpp:

Årliga beräkningar för att följa Sveriges globala klimatpåverkan görs på tre olika sätt. Ett sätt för att följa upp klimatmålen, och två kompletterande sätt för att belysa olika aspekter av vår klimatpåverkan.
Klimatpåverkande utsläpp (utsläpp av växthusgaser) kommer från många olika delar av samhället. Praktiskt taget alla produkter och tjänster som används i Sverige bidrar någon gång till klimatpåverkande utsläpp.
De klimatpåverkande utsläppen kommer till exempel från användning av fossila bränslen, från djur som idisslar eller från marken när den brukas. Utsläppen kan också komma från kemiska reaktioner inom industrins olika processer, nedbrytningen av avfall eller från läckor i kylsystem. Oavsett hur beräkningarna görs måste utsläppen minska.

Så följer vi upp klimatmålen:

Klimatmålen följs upp utifrån utsläppen inom Sverige gränser – de territoriella utsläppen. Senast år 2045 ska Sveriges sammanlagda nettoutsläpp nå netto-noll.
På vägen dit bör olika etappmål för den icke-handlande sektorn och för inrikes transporter uppnås.
Utsläppen inom Sveriges gränser – de territoriella utsläppen – kan delas in i utsläpp som omfattas av EU:s system för handel med utsläppsrätter, övriga utsläpp samt utsläpp och upptag inom markanvändningssektorn.
Övriga utsläpp som sker utanför utsläppshandeln kallas för utsläpp från den icke-handlande sektorn och omfattar utsläpp från inrikes transporter, jordbruk, avfallsbehandling, arbetsmaskiner, produktanvändning, egen uppvärmning av bostäder och lokaler, samt de utsläpp från industrin, el- och fjärrvärmeproduktion som inte omfattas av utsläppshandeln.
Den icke-handlande sektorn omfattas av etappmålen som definierats i det klimatpolitiska ramverket.
Dessa mål omfattar dock inte utsläpp och upptag inom markanvändningssektorn.
EU:s system för handel med utsläppsrätter omfattar utsläpp från el- och fjärrvärmeproduktion, tillverkningsindustrin och flygoperatörer som flyger inom EU.

De svenska klimatmålen:

Sveriges långsiktiga klimatmål är att nettoutsläppen ska vara noll senast år 2045. Det innebär att utsläppen inom Sveriges gränser ska vara minst 85 procent lägre år 2045 än 1990 samt att resterande utsläpp kan täckas fullt eller till viss del av kompletterande åtgärder.

Enligt Naturvårdsverkets beräkning behöver minskningstakten i genomsnitt över perioden vara mellan fem och åtta procent per år (beroende på hur stor andel av kompletterande åtgärder som utnyttjas) för att nå dit, oavsett om utsläppen minskar tidigt eller sent under perioden. Takten beror dock mycket på utsläpps-utvecklingen för anläggningar som omfattas av EU:s system för handel med utsläppsrätter.

Enligt det klimatpolitiska ramverket bör utsläppen inom den icke-handlande sektorn uppnå etappmål om att minska med 40 procent till år 2020, 63 procent till år 2030 samt 75 procent till år 2040 (jämfört med utsläppen år 1990). För att nå dessa etappmål kan kompletterande åtgärder som motsvarar respektive 13 procentenheter, 8 procentenheter och 2 procentenheter utnyttjas.

Kompletterande åtgärder omfattar upptag av koldioxid i skog och mark till följd av ytterligare åtgärder, utsläppsminskningar genomförda utanför Sveriges gränser, samt avskiljning och lagring av koldioxid från förbränning av biobränslen, så kallad bio-CCS.

Dessutom ska utsläppen från inrikes transporter (exklusive koldioxidutsläpp från inrikes flyg) minska med minst 70 procent till år 2030 jämfört med år 2010.

De nationella klimatmålen följs upp av regeringen i den klimatredovisning som årligen presenteras tillsammans med budgetpropositionen. I klimatredovisningen presenteras bland annat utvecklingen för utsläppen inom Sveriges gränser, för utsläppen inom den icke-handlande sektorn samt för utsläppen från svenska anläggningar inom utsläppshandeln.

Regeringen presenterar dessutom en klimathandlingsplan en gång per mandatperiod om hur regeringens samlade politik bidrar till att nå det långsiktiga klimatmålet samt etappmålen till år 2030 och 2040.
Det klimat-politiska rådet gör sedan en oberoende utvärdering av om regeringens politik är förenlig med målen.
Sveriges klimatlag och klimatpolitiska ramverk

För den icke-handlande sektorn jämförs utvecklingen med en indikativ utsläppsbana. Om utsläppen ligger över utsläppsbanan föranleder det en analys och kan innebära behov av förslag till ytterligare skärpning av klimatpolitiken. Utsläppen inom den icke-handlande sektorn låg strax över den indikativa utsläppsbanan år 2017, vilket indikerar att utsläppen inte minskar i linje med målen.

Scenario för växthusgasutsläpp:

År 2017 var utsläppen av växthusgaser 52,7 miljoner ton koldioxidekvivalenter. Enligt det senaste scenariot kommer utsläppen fortsätta att minska.

Sveriges totala växthusgasutsläpp har minskat med 26 procent mellan år 1990 och 2017. I scenariot fortsätter utsläppen minska till 2035. Fram till år 2020 kan utsläppen minska med 30 procent och till år 2030 med cirka 35 procent, jämfört med 1990 års nivå. De totala utsläppen minskar i scenariot till under 46 miljoner ton koldioxidekvivalenter år 2035.

Utsläppen från bostäder, avfallsdeponier, jordbruk och inrikes transporter minskar mest

De största utsläppsminskningarna i scenariot sker från inrikes transporter, uppvärmningen av bostäder och lokaler, från avfallsdeponier och från jordbruket.

Utsläppen från inrikes transporter har minskat de senaste åren och minskar ytterligare i scenariot genom fortsatt tillförsel av biobränslen. Minskningen för utsläpp kopplat till uppvärmningen av bostäder och lokaler beror på en fortsatt utfasning av fossila bränslen i enskilda värmekällor och att andra uppvärmningsalternativ som exempelvis värmepumpar ökar. Utsläppsminskningar sker även inom jordbruket vilket beror på ett minskat djurantal och en ökad produktivitet. De totala utsläppen från industrin (processutsläpp samt förbränning) minskar totalt sett under scenarioperioden, vilket till viss del kan förklaras av övergång från fossila bränslen till el och biogena bränslen. Utsläpp från avfallsdeponier fortsätter att minska stadigt tack vare deponiförbuden.

Om scenariot:

Sverige rapporterade scenariot för Sveriges växthusgasutsläpp till EU den 15 mars 2019 i rapporten Report for Sweden on assessment of projected progress, (se länk till höger). Denna rapportering är reglerad under EU förordning 525/2013 och ska ske vartannat år. I scenariot är hänsyn tagen till befintliga styrmedel, d.v.s. alla styrmedel som fanns beslutade till juni 2018. Scenariot rapporteras tillsammans med en beskrivning av de viktigaste styrmedlen på klimatområdet. Tillsammans med ett referensfall redovisas några känslighetsfall, där några parametrar har ändrats.

EU-kommissionen använder medlemsländernas nationella scenarion för att bedöma hur EU och medlemsländerna ligger till när det gäller att klara sina åtaganden. EEA sammanställer årligen EU:s medlemsländers prognoser i en rapport, den senaste sammanställningen gjordes i Trends and projections in Europe 2018 — Tracking progress towards Europe's climate and energy targets.
Som underlag till det svenska scenariot används bland annat Energimyndighetens långtidsscenarier för Sveriges energisystem, underlag från Jordbruksverket och från SLU. Scenariot beräknas sektorsvis med hjälp av modeller eller trendframskrivning. Även expertbedömningar görs för att bedöma hur olika sektorer utvecklas framöver. Resultatet ska tolkas med försiktighet, då scenariot innehåller stora osäkerheter.

Gillis Krönika.

Omkring oss har vi alltid haft en natur i förändring. Nya arter av växter och djur dyker upp med ojämna mellanrum. Mycket av den nya mångfalden kommer från Asien eller Amerika och irrar sig hit. Fjärilar, fåglar, fiskar och växter. Invasiva kallas dom, varav en del inte har några fiender här, och speciellt dessa är inte välkomna eftersom de då kan bli så många så andra blir färre, vilket vore illa värre.

På 80-talet uppstod en ny art som började röra sig i naturen. Varifrån den kom det vete tusan. I alla fall så har den uppenbarligen förökat sig årligen. Få har lyckats se den. Däremot är det många som kan vittna om fynd av spillning från just denna synnerligen ljusskygga filur. En ren raritet att vilja beskåda har denna art blivit för gemene man och kvinna i uniform. Men inte i vår natur, för där anses arten inte höra hemma. Nä minsann, de flesta vill nog se den bakom en skyddande barriär. Huruvida arten är farlig eller inte är oklart. Likaså om den är invasiv eller inte. Massivt ifrågasatt och illa omtyckt är den i varje fall.

Till skillnad från andra arter som flyttar på sig så är just denna art icke önskvärd i naturen eller annan stans. Märkligt nog eftersom den, till skillnad från andra arter, inte saknar fiender.

Så håll utkik och ta gärna ett foto om ni råkar få syn på den. Dessvärre går en fantomritad artbeskrivning inte att frambringa. Spillningen är i alla fall lätt att finna. Den finns lite överallt. I sjöstränder bland annat och särskilt utspridd på lite dolda platser, som exempelvis där vägen slutar.

Det underliga i kråksången är att denna art antagligen har bil och ibland även släpvagn.
Precis som skarvfåglarna så är dess spillning frätande på naturens biologiska mångfald. Denna, i mångas ögon, obegripliga arts spillning i naturen kan se ut som papper, plast, möbler, kylskåp eller praktiskt taget vad som helst som någon skulle vilja bli av med. Avarten i sig är säkert av samma skrot och korn och den skulle vi också behöva bli av med.

IPCC.

FN:s klimatpanel (Intergovernmental Panel on Climate Change, förkortat IPCC) är en mellanstatlig organisation som etablerades 1988 av två FN-organ, Meteorologiska världsorganisationen (WMO) och FN:s miljöprogram (UNEP), för att förse världen med ett tydligt vetenskapligt perspektiv över det rådande kunskapsläget vad gäller klimatförändring och dess miljömässiga och socioekonomiska påverkan.

IPCC ska analysera - på ett uttömmande, objektivt, öppet och transparent sätt - den vetenskapliga, tekniska och socioekonomiska information som är relevant för att förstå den vetenskapliga grunden till riskbedömningen av klimatförändring orsakad av människan, dess möjliga påverkan och möjligheter till anpassning och mildring av effekterna. IPCC framställer rapporter som citeras flitigt i debatter om global uppvärmning, och organisationen betraktas allmänt som en auktoritet i frågor som rör klimatförändring. Nuvarande ordförande är den sydkoreanske ekonomen Hoesung Lee. Tidigare ordföranden har varit den svenske meteorologen Bert Bolin (1988-1997), den brittiske kemisten Robert Watson (1997-2002) och den indiske ekonomen Rajendra K. Pachauri (2002-2015).

IPCC ska bidra med en vetenskaplig bild av klimatets förändring. De ska beskriva effekterna samt peka på möjliga åtgärder. Panelens slutsatser vänder sig främst till världens beslutsfattare och är avsedda att användas både nationellt och internationellt, bland annat i de förhandlingar som sker inom FN:s klimatkonvention.

IPCC utför ingen egen forskning utan dess uppgift är att framställa utvärderingar av forskningsläget rörande klimatförändringar inducerade av människan. Rapporterna är baserade på kvalitetsgranskade underlag som genomgått kollegial utvärdering och publicerats i internationella, vetenskapliga tidskrifter. Baserat på dessa anser IPCC det fastställt att den pågående globala uppvärmningen till största delen är antropogen, det vill säga härrörande från mänsklig verksamhet, främst sådan som innebär ökning av atmosfärens halt av koldioxid.

Utifrån tre tydliga arbetsgrupper görs de återkommande utvärderingarna. Klimatpanelens första utvärdering gjordes 1990 och kom att utgöra grunden för den klimatkonvention som antogs 1992. Förnyade utvärderingar gjordes 1995, 2001, 2007 och 2014. 2018 utgavs en specialrapport över möjligheterna begränsa uppvärmningen till 1,5 grad.

Tre arbetsgrupper avger vid utvärderingarna var sin delrapport. En delrapport behandlar de fysikaliska och kemiska vetenskapliga grunderna kring klimatförändringar. En andra delrapport gäller effekterna av klimatförändringar och den tredje samhällets möjligheter att motverka klimatförändringarna eller anpassa sig till dem.

Arbetet mellan utvärderingarna är organiserat i så kallade Focal Points. I Sverige är det SMHI (Sveriges meteorologiska och hydrologiska institut) som är Focal Point och därmed upprätthåller kontakterna gentemot IPCC:s sekretariat i Genève. Fram till 2013 var det Naturvårdsverket som var Sveriges Focal Point.

FN:s klimatrapport.

Unika insatser krävs. Koldioxid måste sugas upp från atmosfären om klimathotet ska avvärjas.
Det är ett huvudbudskap i en ny rapport om 1,5-gradersmålet som FN:s klimatpanel IPCC presenterar 2018.
Att nå målet blir svårt, men är möjligt, enligt experterna.
Det är inte utom räckhåll, men det är väldigt viktigt vad man gör de närmaste 10–20 åren. Vi närmar oss snabbt 1,5 grader, säger Markku Rummukainen, professor i klimatologi vid Lunds universitet, och svensk deltagare i panelen.
Rapporten visar att temperaturökningen i dagsläget är runt 0,2 grader per årtionde.
Det innebär att vi med oförändrade utsläpp når 1,5 grader någon gång mellan 2030 och 2052, säger han.

Enligt beräkningarna krävs en minskning med 45 procent av de globala koldioxidutsläppen till 2030 om målet att hejda ökningen vid 1,5 grader ska nås, och i förlängningen nollutsläpp till 2050.
Hittills har de globala utsläppen inte börjat minska alls, så det är givetvis en väldigt stor utmaning, säger Rummukainen.

En absolut nödvändighet på lite sikt är så kallade negativa utsläpp. De innebär att koldioxid sugs upp från atmosfären genom olika åtgärder, exempelvis satsningar på att öka skogsarealen på jorden. Det senare innebär dock risker.

Det kommer att krävas stora landområden, med potentiella konflikter som följd, exempelvis vad det gäller biologisk mångfald, säger han.
En annan nödvändig utveckling är teknologi för infångning och lagring av koldioxid, exempelvis i berggrunden.

Uppskattningsvis 100-1 000 miljarder ton koldioxid behöver lagras sammantaget över tid, om målen ska nås. Som jämförelse kan nämnas att de årliga globala utsläppen i dagsläget är knappt 40 miljarder ton.
Att avskilja koldioxid är fullt möjligt redan nu. Lagringen är knepigare och den kostar mycket, säger Rummukainen som f.ö. är Sveriges representant i IPCC.

Gillis Krönika.

Det vanliga livet är som regel mestadels regelbundet. En grundregel i det övriga livet är likheten mellan en skarpsynt kriminolog och en fullfjädrad hårdskådare. För om man som representant för lagens långa arm, eller ornitolog i naturen, ser något som ser ut som en anka, går som en anka och låter som en anka så finns det en hög sannolikhet för att det man såg faktiskt var en anka.

En given förutsättning är naturligtvis att man tidigare skådat någon anka, eller åtminstone lyssnat på dess kvackande. Då kan man vara så säker man bara kan bli på att det troligen handlar om just en anka. Från denna enkla självklarhet angående iakttagelser finns betydande undantag från de som av egen egoism kan kopplas till aktuell tvivlande rörelse vars filantropiska särintresse tycks vara just ankor.

Om vi då leker med tanken att åskådarlarmet går om att FN:s klimatpanel IPCC skulle befinna sig i en dyig damm full av ankor, under dylik studie av självutnämnda globala klimatskådare, så infinner sig abrupt någon form av tvivel avseende iakttagelsen.

Som alltid finns det minst två sidor av det mesta. Så även på en vankande anka. Om den ena anksidan pekar i motljus där färg och teckning suddas ut likt texten i vinklade klimatartiklar så uppstår ett befogat tvivel om äktheten i just denna klimatanka.

Om detta fenomen råkar uppstå för oss andra beskådare så tipsar både psykolog och ornitolog om att även se till att skärskåda ankans andra sida. Den sida där ankans teckning avspeglar dess rätta fjäderdräkt.

Med vilket menas att ankan måste ha täckning för det den kvackar om. I slutänden är det alltid upp till raritetskommitten att avgöra om det verkligen var en klimatanka som sågs.
Och om så krävs - i vilken fas av framtida klimatart.

Och det är väl det som demokratiologiska samfundet har utsett FN:s klimatpanel IPCC till att utreda och yttra sig om. Det mesta i övrigt av regelbundet tvivel ser som regel ut och låter precis som en anka..kvack kvack.

Koldioxid och Klimat.

Våra utsläpp av koldioxid värmer upp klimatet, och gynnar bara träd och andra växter om de har tillräcklig tillgång till vatten och näring. Och blir det för varmt kan skogar helt sluta att ta upp koldioxid.

Vid förbränning av fossila bränslen, som till exempel flygbränsle, frigörs kol som har varit bundet utanför det naturliga kretsloppet under mycket lång tid. Koldioxid från fossila bränslen rubbar därmed den naturliga balansen och skapar ett överskott av koldioxid i atmosfären vilket kraftigt bidrar till att förstärka den globala uppvärmningen. Koldioxid har en lång och komplicerad omsättningstid i atmosfären. Enligt IPCC (International Panel on Climate Change) så försvinner ca 50 procent av den utsläppta koldioxiden från atmosfären efter ca 30 år, 30 procent försvinner efter några århundraden, men omkring 20 procent av all koldioxid som släpps ut stannar i atmosfären i flera tusen år. Detta betyder att även om vi kraftigt begränsar utsläppen av koldioxid redan idag, så kommer klimateffekten av historiska utsläpp av koldioxid fortsätta i många år framöver.

För att förstå vad som händer med klimatet måste vi börja med växthuseffekten. Utan växthuseffekten hade vi inte haft något liv på Jorden. Vår planet hade varit ett isklot i långsam bana kring en avlägsen sol. Växthuseffekten är det som gör att en del av värmen från solen stannar kvar i hav och atmosfär.

Det finns flera växthusgaser. Den viktigaste är vattenångan och näst störst effekt har koldioxiden. Eftersom de olika växthusgaserna delvis påverkar samma våglängder av strålningen är det svårt att säga exakt hur mycket respektive gas bidrar med. Men vattenångan står för storleksordningen 40-70 %, medan koldioxiden står för 10-25 %. Av övriga växthusgaser bidrar metan (CH4) och dikväveoxid (N2O), dvs lustgas med cirka 5 procent var.

Även ozon och olika halocarboner påverkar. Även om halocarbonerna, dvs gaser där kolet är bundet till klor, brom och/eller fluor, förekommer i mycket små mängder i atmosfären kan de vara mycket långlivade (stabila) och ha en mycket större förmåga att per molekyl värma upp atmosfären än koldioxiden.

Jordens klimat har varierat kraftigt genom historien. Det har funnits perioder då det varit betydligt varmare än nu, och det har även varit perioder med betydligt kallare klimat än vad vi har idag. Under den senaste istiden, för storleksordningen 10 000 – 100 000 år sedan var det 5-10° kallare än vad det varit under den värmeperiod som Jorden befunnit sig i under de senaste cirka 10 000 åren. Orsaken till skiftningarna har bland annat varit skillnader i halten av växthusgaserna.

Det finns andra sätt som växthusgaserna kan öka eller minska på. Det visar historien om hur Jorden gått in och ut ur istider de senaste tre miljoner åren. Dessa mångtusenåriga cykler styrs ytterst av små rubbningar i planetens bana kring solen och i Jordaxelns lutning.

En istid inleds med att en sådan rubbning gör att isen växer till sig vid en eller båda polerna. Detta gör i sin tur att mer solenergi reflekteras bort från Jorden – man säger att planetens albedo (reflexionsförmåga) ökar. När hav och mark kyls avges inte lika mycket koldioxid. Haven blir dessutom bättre på att lagra kol när de blir kallare. Sakta minskar koldioxidhalten i atmosfären. Växthuseffekten avtar. Det blir kallare, vilket gör att isen kan breda ut sig ännu mer.

Samma process – men omvänd – sätts igång när Jorden går in i en ny tidscykel och det börjar falla in mer solenergi över polerna. De här processerna kallas ibland för självförstärkande återkopplingar. Det är alltså små initiala förändringar som efterhand leder till en betydligt större effekt.

Människan och våra förfäder har levt genom några av dessa cykler – vilka kallas ”Milankovichcykler ”, efter den ryske geolog som först lade fram hypotesen om dem. De har inneburit svåra påfrestningar. Den senaste istiden – som inleddes för cirka 130 000 år sedan – tvingade antagligen många människor att lämna trakter där de vant sig att jaga och fiska, men samtidigt öppnades även nya möjligheter i andra delar av världen när exempelvis världshaven sjönk, då alltmer vatten bands upp i de växande inlandsisarna. Nya levnadsmönster utvecklade sig.

Det blev tuffare att överleva i exempelvis Europa, men framför allt i nuvarande Indiska oceanen torrlades nya områden som dessutom gav människor möjlighet att befolka Australien. Klimatet under istiden var sällan stabilt under några längre tidsperioder, bland annat på grund av att havsströmmar, som Golfströmmen, verkar ha varit instabila och ofta ändrats i styrka.

Den värmeperiod, eller interglacial som beräknas ha pågått i 11 700 år sedan denna istid har däremot varit mycket stabil när det gäller klimatet, vilket utan tvivel har bidragit till att forma den värld vi lever i. Vi hade antagligen inte kunnat bygga upp vårt komplicerade samhälle, med urbanisering och industrialisering, om inte klimatet varit så stabilt som det har varit under större delen av den nuvarande geologiska tidsepoken "holocen".
På en längre tidsskala är vi nu av de tidigare nämnda astronomiska skälen, långsamt på väg mot nästa istid. Den skulle troligen ha dröjt ytterligare fem eller tiotusen år, och avkylningen skulle de närmaste århundradena troligtvis varit av storleksordningen någon hundradels grad per århundrade, vilket troligen inte gett vårt samhälle särskilt stora utmaningar att anpassa oss till.
Men när vi började använda kol och olja i stor omfattning på 1800-talet ändrades förutsättningarna.
Den långsamma temperatursänkning som tycks ha präglat Jorden, åtminstone de senaste tusen åren, förbyttes i en uppvärmning.
Orsaken är huvudsakligen utsläpp av koldioxid från förbränning av fossila bränslen, i form av kol, olja och gas, samt skövling av skog.

Under det tidiga 1800-talet, innan den industriella revolutionen slog igenom, låg atmosfärens koldioxidhalt på 280 ppm (miljondelar). På grund av våra utsläpp har halten stigit sedan dess och närmar sig nu 400 ppm.

Under samma tidsperiod har den globala medeltemperaturen stigit med cirka 0,8 grader.

Men det är inte bara förstärkningen av växthuseffekten som påverkar och förändrar klimatet. Under perioden 1930-1970 steg temperaturen bara marginellt. Troligen berodde detta på de massiva svavelutsläppen från kolkraftverken. När svaveldioxid reagerar med vattenånga bildas små sulfatdroppar – aerosoler – på hög höjd.

Aerosolerna reflekterar solljus och verkar alltså avkylande. När man införde rökgasrening i stor skala minskade svavelutsläppen och aerosolernas dämpande inverkan på uppvärmningen avtog. Utsläppen av partiklar är fortfarande stora i delar av Asien och Latinamerika där de maskerat av en stor del av den uppvärmning som växthusgaserna har orsakat. Växthusgaserna sprider sig relativt snabbt över hela jordklotet och stannar dessutom kvar länge i atmosfären, det kan handla om hundratals eller tusentals år. Partiklarna sprids däremot bara över mindre områden och stannar bara kvar i atmosfären under max veckor eller månader. Partiklarna har alltså bara en lokal eller regional påverkan. Den dag man även har renat utsläppen i Asien och Latinamerika, eller t o m ställt om till ett fossilfritt samhälle, lär det bli betydligt varmare i de delarna av världen. Man kallar den här avkylande effekten för ”global dimming”.

I debatten pratas de mest om koldioxid, men det finns som redan nämnts flera andra växthusgaser.
De viktigaste är följande:

Vattenånga förekommer naturligt i atmosfären och står för större delen av växthuseffekten. Vattenångan har en viktig förstärkande roll i klimatförändringarna. Varm luft kan innehålla mer vattenånga, vilket alla som upplevt tropisk luftfuktighet kan intyga. Uppvärmning till följd av koldioxidutsläpp leder till mer vattenånga i atmosfären vilket i sin tur spär på uppvärmningen ytterligare.

Metan är en mycket stark men kortlivad växthusgas. Gasen anses ha ca 25 gånger starkare klimatpåverkan än koldioxid i ett hundraårsperspektiv. Men eftersom metan bryts ner till koldioxid redan efter 10-20 år är det mer relevant att titta på gasens klimatpåverkan i ett tjugoårsperspektiv, då den är drygt 70 gånger kraftfullare än koldioxid. Sedan 1800-talet har halten i atmosfären ökat kraftigt. Risfält och idisslande djur är viktiga metankällor, tillsammans med vårt eget matavfall. Vi får antagligen räkna med att utsläppen ökar i takt med att vi blir fler människor på jorden, framför allt om allt fler väljer att äta mer kött. Men vi kan även utnyttja våra utsläpp av metan som biogas, och därigenom både få energi och minska vår klimatpåverkan.

Freoner påverkar inte bara ozonskiktet utan även växthuseffekten. Montrealprotokollet som förbjöd användning har lett till en viss minskning av koncentrationerna atmosfären. Även om de förekommer i betydligt mindre mängder i atmosfären än de tidigare nämnda gaserna kan de på sikt få en stor klimatpåverkan eftersom de stannar kvar länge och kan ha en klimatpåverkan per molekyl som är 1000-tals gånger större än koldioxiden.

Dikväveoxid (lustgas) har ökat snabbt i atmosfären, med största sannolikhet på grund av jordbruket. Bakterier omvandlar gödsel till lustgas.

Ozoner förekommer såväl högt upp i stratosfären – ozonskiktet – som i form av industriella föroreningar. Medan ozonet i stratosfären skyddar oss från farlig UV-strålning bidrar ozonet på marknivå till förstärkningen av växthuseffekten.

Vi vet alltså att vi människor har rubbat klimatet genom att förbränna fossila bränslen, skövla skog och genom att dessutom orsaka ökande utsläpp av andra växthusgaser. Det vi har gjort är att påverka den så kallade strålningsbalansen. Jorden klarar för närvarande inte av att avge lika mycket energi som den tar emot från solen. Därför kommer planeten att värmas upp till dess att balansen är återställd. Det här är en del av trögheten i klimatförändringen. FNs klimatpanel, IPCC, skriver att vi inte kommer se full effekt av de utsläpp vi redan gjort förrän om storleksordningen 1000 år. Om vi förenklar det hela går det att säga att jordytan – inklusive oceanerna – i genomsnitt under dygnet tar emot 240 watt solenergi per kvadratmeter.

Om klimatet vore i balans och temperaturen stabil skulle lika mycket energi stråla ut från Jorden. Men riktigt så är det inte. Sedan förindustriell tid, d.v.s. början av 1800-talet, har dels växthusgaserna hejdat utstrålningen av värme, dels har ett antal andra faktorer spelat in.

Växthusgaserna står för en påverkan av ca 3 watt. En stor del beror på förbränning av kol, olja och gas. Men även jordbruket, avskogningen och djurhållningen har spelat in.
IPCC räknar även med att solaktiviteten ökat något de senaste 200 åren. Man uppskattar effekten till cirka 0,3 watt.

Den största osäkerheten gäller emellertid aerosolernas påverkan. De små sulfatdropparna verkar på två sätt. Dels reflekterar de solstrålning, dels påverkar de molnbildningen. Vi vet att de kyler klimatet avsevärt, men inte riktigt hur mycket.
Detta gör att klimatpåverkan sedan förindustriell tid inte kan beräknas mer exakt än att den ligger på 1-2 watt. Det vore angeläget att få veta hur stor aerosolernas inverkan egentligen är. Om de kyler mycket, ligger en rejäl omgång uppvärmning i pipelinen när kolkraftverken världen över förses med rökgasrening eller när vi minskar kolanvändningen. Om aerosolerna kyler mindre än vi tror, ökar våra möjligheter att undvika farlig uppvärmning.

FN:s klimatpanel slog 2007 fast att en fördubbling av koldioxidhalten bör leda till 2 – 4,5 graders uppvärmning. Högre eller lägre värden kan inte uteslutas, men den mest sannolika klimatkänsligheten anses vara kring 3 grader.

Den förindustriella CO2-halten låg på 280 ppm. Det skulle innebära att en halt på 560 ppm troligen leder till en ca 3 grader varmare värld – inte omedelbart, men när strålningsbalansen åter kommer i jämvikt.

Men varför denna osäkerhet? En viktig anledning är att forskarna ännu inte riktigt vet hur uppvärmningen påverkar molnbildningen. Moln kan verka åt två håll – de kan reflektera solljus och därmed kyla, och de kan hejda strålningen från jordytan och därmed värma. Molniga dagar blir svala medan molniga nätter blir ljumma. Man vet fortfarande inte riktigt hur de olika effekterna kommer att slå i en varmare värld. I exempelvis södra Europa kan vi sommartid räkna med minskad molnighet i takt med att klimatet blir allt torrare. Där leder i så fall minskad molnighet till ytterligare uppvärmning. Hos oss i norra Europa pekar klimatmodellerna på att det vintertid skulle kunna bli ökad molnighet och ett nederbördsrikare klimat. Här är det i så fall i stället den ökade molnigheten som leder till ytterligare uppvärmning.

Det finns även andra feedbackprocesser som kan påverka. När glaciärer och havsis smälter tar Jorden emot mer värme eftersom den reflekterande snön och isen försvinner. Jorden ändrar då sitt albedo och blir mörkare.

Det kan sedan leda till att ännu mer snö och is smälter, och vi hamnar i en självförstärkande process.

Och när norra halvklotets permafrost nu börjar tina, avger mark samt sjö- och havsbottnar mer koldioxid och metan. Den här återkopplingen är svår att räkna på, eftersom vi inte vet hur stor den kan bli.

Den återfinns för det mesta inte i klimatmodellerna, just på grund av osäkerheten att fastslå hur stor den kan vara. Paleoklimatologiska studier tyder däremot på att redan ganska måttliga temperaturförändringar kan sätta igång processer som leder till omfattande klimatförändringar. Det är bakgrunden till att flera forskare idag förespråkar en sträng försiktighetslinje, och menar att redan dagens klodioxidhalter är farligt höga.

Den globala uppvärmningen kommer att förändra vår värld. Tecknen syns redan och allt talar för att vi bara sett början. Redan den mängd växthusgaser som vi släppt ut till dags dato, garanterar ytterligare några tiondelars temperaturstegring, eftersom strålningsbalansen är rubbad och det dröjer innan klimatet kommer i jämvikt. Och om större delen av svavelpartiklarna på sikt försvinner från vår atmosfär innebär det en ytterligare uppvärmning på åtminstone en halv grad, troligen mer. Eftersom vi redan har fått en uppvärmning på 0,7-0,8 grader minskar därmed möjligheterna snabbt att klara av det så kallade 2-gradersmålet, trots att alla världens länder i dag är överens om det.

Miljöorganisationer anser att vi bör sträva efter maximalt 1,5 graders uppvärmning, för att undvika alltför stora negativa konsekvenser i framtiden. Och det oavsett om vi mäter negativa konsekvenser i form av ekonomi, mänskligt lidande, sämre skördar globalt, minskad biologisk mångfald eller risken för att andra allvarliga händelser ska inträffa. Det senare kan dessutom vara händelser som vi idag inte ens är medvetna om att de skulle kunna hända.

Vattencykeln blir mer intensiv. I en varmare värld avdunstar mer vatten, som förr eller senare måste falla någonstans i form av regn. Detta kommer att leda till ökad torka på vissa ställen och mer nederbörd på andra. Regnen kommer dessutom att bli kraftigare och därmed öka risken för översvämningar. Globalt har de senaste åren varit de nederbördsrikaste, även om mätningarna av nederbörd är betydligt osäkrare än temperaturmätningarna.
Vi kommer troligen att få se fler mycket kraftiga orkaner i vissa delar av världen, som i sin tur drar med sig ökade mängder regn. Huruvida det totala antalet orkaner kommer att öka, eller rentav minska, är emellertid föremål för debatt.

Havsnivån kommer att höjas. För närvarande stiger nivån med drygt 3 mm om året, framförallt beroende på att varmare vatten ökar i volym, men även som en effekt av att smältvatten från landbaserade glaciärer, som på Grönland. Fortsatt uppvärmning kommer emellertid att leda till större avsmältning av glaciärerna.

Uppskattningarna av vad som händer fram till år 2100 varierar kraftigt, men många forskare räknar med havsnivåhöjningar på en meter, eller drygt det, vilket skulle drabba världens kustnära och låglänta områden hårt. Eftersom osäkerheten när det gäller avsmältningen av landbaserade glaciärer är så stor skriver IPCC i sin senaste rapport 18 – 59 cm, utan att då ta med hela effekten från avsmältningen.

Extrema värmeböljor har redan blivit vanligare och vi har bara sett början. Rekordhettan i Ryssland 2010, USA 2012 och Australien 2013 är tyvärr antagligen något som blir allt vanligare i framtiden. Förutom att värmen leder till fler dödsfall bland äldre och sjuka blir resultatet fler skogs- och gräsbränder. Skogsbränderna leder i sin tur till en självförstärkande återkoppling, eftersom de frigör kol från träden i form av koldioxid till atmosfären, vilket då leder till att växthuseffekt förstärks ytterligare.

Biodiversiteten kommer att påverkas starkt – antalet arter kommer att minska. Till de tidigaste effekterna, som vi redan ser, hör att korallreven påverkas negativt vilket i sin tur påverkar havens näringskedjor. Många landlevande arter kommer att dö ut eftersom de inte hinner anpassa sig till snabba klimatförändringar som påverkar lokal flora och fauna. Den biologiska mångfalden är dessutom mycket viktig för hur vi ska kunna hantera och anpassa oss till ett varmare framtida klimat.
Ju större den biologiska mångfalden är, desto större är sannolikheten att det finns växter och djur som klarar av att anpassa sig till klimatförändringarna.

Havet försuras vilket riskerar att leda till att många vattenlevande arter dör ut. Försurningen är en följd av att en stor del av den koldioxid vi släpper ut upptas av havet och där bildar kolsyra. Arter som är beroende av att bilda skal – alltifrån plankton till större kräftdjur får svårare att bilda skal. Även korallerna påverkas. Ju varmare haven blir desto sämre kommer de bli på att lagra kol.

Det finns alltså en risk för att en del av de utsläpp som vi orsakade under 1900-talet, och som för närvarande finns lagrade i haven, återvänder till atmosfären i framtiden. Då får vi en förstärkning av växthuseffekten, även om vi då i framtiden har skapat ett helt fossilfritt samhälle.

Till sist riskerar uppvärmningen att leda till att vi når så kallade tipping points – tröskeleffekter som gör att uppvärmningen fortskrider ett bra tag till även om vi slutar att släppa ut växthusgaser. Vi har redan nämnt avsmältningen av Arktis som gör att havet tar emot mer värme, samt upptiningen av permafrosten som orsakar ytterligare metan- och koldioxidutsläpp. Andra tröskeleffekter forskarna oroar sig för är bl a att havet inte ska klara av att lagra lika mycket koldioxid som nu, samt att stora regnskogsområden som Amazonas ska gå under i skogsbränder som kommer att frigöra stora mängder koldioxid. Det är inte minst mot bakgrund av dessa risker som allt fler klimatforskare menar att det vore ytterst farligt om den globala uppvärmningen blir större än 1,5 grader.

Men även om det tyvärr är alltför lätt att måla upp en pessimistisk bild av framtiden, är det viktigt att det i sin tur inte leder till en känsla av att det redan är kört.
Att ge upp ger ju lika lite resultat som att stoppa huvudet i sanden och låtsas som att det inte skulle finnas några problem. Är det bara tillräckligt många människor som tycker att klimatfrågan är tillräckligt viktig så får vi till slut även tillräckligt stora förändringar av vårt samhälle.
Det kommer aldrig vara för sent för att göra så mycket som möjligt.

Metangas och klimat.

Metan är en av de viktigaste växthusgaserna och är efter koldioxid den gas med störst påverkan på växthuseffekten. Metan står för 20% av växthuseffekten om vattenånga ej tas med. Dock räknas metan inte till de långlivade växthusgaserna då den har en livslängd i atmosfären på omkring 8 år. Därför räknas metan, tillsammans med sotpartiklar och marknära ozon, som kortlivade klimatpåverkande luftföroreningar (SLCP).
Koncentrationen av metan i atmosfären har mer än fördubblats på hundra år. Under de senaste 650 000 åren har koncentrationen av metan pendlat mellan 400 och 700 ppb (part per billion), för att under 1900-talet stigit kraftigt upp till dagens nivå på över 1700 ppb.

Metan bildas vid syrefri nedbrytning av organiskt material. Detta äger rum till exempel i våtmarker såsom risfält och torvmossar. Även idisslande djur, bland annat nötboskap utsöndrar ansenliga mängder metan. Ytterligare en källa för metan är avfallsdeponier.

Det är osäkert hur mycket metan som finns på jorden, men med nuvarande utvinningstakt skulle de kända reserverna räcka i 60 år till. Metan utgör omkring 30% av den globala användningen av fossila bränslen. Kol står för en lika stor del medan oljan i princip utgör de resterande 40 procenten.

Metan läcker även ut i atmosfären vid utvinning och transport av fossila bränslen. Den olja som utvinns innehåller ofta mycket gas, men för att minska explosionsrisken förbränns den ofta på plats istället för att tas omhand. Detta leder till utsläpp av koldioxid istället för metan.

Ytterligare en källa till utsläpp är metanhydrater som finns i den frusna havsbotten och tundran i Arktis. Hur mycket metan som finns bundet på detta sätt är osäkert, men studier tyder på att det är mycket stora mängder. Metanhydrater är bara stabila vid högt tryck och låga temperaturer, så uppvärmningen i Arktis skulle kunna leda till stora utsläpp av metan.

Den största sänkan för atmosfäriskt metan är den fria hydroxylradikalen (OH), som bildas genom en fotokemisk reaktion i atmosfären.

Från att ha varit mer än 1% per år under 1970-talet har ökningen av metan i atmosfären avtagit sedan 1980-talet. Anledningen till stabiliseringen av halten metan i atmosfären är ännu ej klarlagd, men då hydroxylradikalen som sänka anses vara oförändrad tyder det på att stabiliseringen beror på förändrade utsläpp.

Kosmisk strålning och klimat.

Forskarna har länge vetat om att planetens temperatur varierar i takt med den kosmiska strålningen från solen. Det anses troligen bero på att solens aktivitet påverkar uppkomst av moln i atmosfären.

Klimatpanelen IPCC sammanfattar forskares veteskapliga uppfattning och utvecklar inte egna teorier. IPCC konstaterar att det finns en betydande litteratur i ämnet om kosmisk strålning som framförs i rapporten 2001. IPCC menar att förändringen av jordens klimat är betydligt större under 1900-talet än under något annat århundrade under de senaste tusen åren. IPCC påpekar att den förhållandevis lilla ökningen av solstrålningens totala intensitet inte kan förklara denna globala uppvärmning.

Det påstådda sambandet mellan kosmisk strålning och molnmängd under en solfläckscykel (1982-94) är förbryllande. En förändring av mängden moln kan förvisso påverka klimatet: ökad mängd låga moln ger kallare klimat, medan höga moln verkar i motsatt riktning. Pålitliga uppgifter från satelliter om hur molnmängden på jorden varierat finns bara från de senaste årtiondena. IPCC:s slutsats är därför att denna hypotes inte kan bekräftas av tillgängliga observationer. Vidare studier är väl motiverade men är inte skäl att fördröja initiativ att minska utsläppen av växthusgaser.

Forskarvärlden är i stort sett enig om hur den globala uppvärmningen kan förklaras med ökande mängder växthusgaser i atmosfären, i synnerhet under det sista halvseklet. Detta är ett faktum som under alla förhållanden måste beaktas sa IPCC:s förre ordförande Bert Bolin.

Genom simulationsexperiment kunde forskare på CERN i Schweiz se att den kosmiska strålningen sannolikt mångfaldigades då svavelsyra molekyler klumpade ihop sig för att därefter bilda moln. Uppe på detta antas att även ammoniak och organiska ämnens bidrag ökar chansen till molnbildning. Utfallet av denna teori är att hög solaktivitet gynnar uppkomst av moln som kyler planeten. De senaste åren har solaktiviteten varit låg, vilket gett färre moln och därmed högre globala temperaturer. Solaktiviteten tros snart stiga, vilket kan leda till en global temperatursänkning. Förhoppningen med denna teori är då att den möjligen, till viss grad, kan motverka den av människan skapade växthuseffekten.

I en ny rapport 2019 från två forskare i Finland aktualiseras återigen teorin om de låga molnens betydelse för temperaturen. En ren datasimulering utan experiment står till grund för denna rapport som ger teorin om den kosmiska strålningen stor betydelse.Andra forskare som tidigare som använt ett mer fullständigt datamaterial för molnigheten, har inte funnit något påtagligt samband med den kosmiska strålningen.

En ökning av molnigheten leder inte alltid till ett kallare klimat. Höga, tunna moln av cirrus-typ värmer snarare än kyler jordytan p.g.a. sin absorption av den utgående värmestrålningen.

Låga moln av stratus-typ, å andra sidan, ger en nettoavkylning. Att använda satellitobservationer av variationer av den totala molnigheten, som inkluderar såväl låga som höga moln, för att tolka klimatförändringar är därför komplicerat.

Allmänt anses den svaga kunskapsöverföringen mellan disciplinerna vara ett problem i dagens debatt om klimatförändringar. Dagens sol- och rymdforskning utgör en unik kunskapsbank. Man anser att denna kunskap beaktas synnerligen otidsenligt sätt av klimatforskarna inom IPCC.

Sammanfattningen från IPCC ger vid handen att den förändrade solstrålningens bidrag till den globala uppvärmningen sedan 1750 är ca 12% av bidraget från de ökande halterna av växthusgaserna koldioxid och metan. Till skillnad från teorin om växthusgasen koldioxid som har genomgått 100-tals experimentstudier vars data stämmer väl med mätbara värden från atmosfären kontra utsläpp av fossil förbränning så är teorin om kosmiska strålningens betydelse högst oklar.

Hur som helst så är teorin om kosmisk strålning och låga moln högst intressant.

Kött och klimat.

Gustav Melin skriver att det går att äta kött med gott klimatsamvete, bara vi tillverkar gödsel med vindkraft och tankar våra traktorer med biodiesel. Han har delvis rätt, men slutsatsen är direkt missvisande då han med råge missar den bredare och viktigare poängen: att vi med minskad köttkonsumtion både kan och bör kraftigt minska jordbrukets totala miljöpåverkan.
Jordbruk och matproduktion står i dagsläget för cirka en fjärdedel av de globala växthusgasutsläppen, för merparten av övergödningen, och för en betydande del av de gifter vi släpper ut – alla stora problemområden där läget måste förbättras inom en snar framtid.
Begränsad djurhållning på lämplig plats kan visserligen bidra till ökad biologisk mångfald och andra positiva miljöeffekter genom att hålla landskap öppna. Men en kost som innefattar kött sätter generellt större press på miljön på grund av ett enkelt biologiskt faktum: djur är ineffektiva. Endast en bråkdel av de kalorier som kon äter omvandlas till kött och mjölk.

Bilden av kossor som går i hagen och betar gräs på mark som ändå inte kunde brukats för odling är bara delvis sann, då dagens storskaliga och industrialiserade livsmedelsproduktion i verkligheten innebär att djur ofta hålls inne och matas med diverse grödor som odlats på annan plats och på mark som annars kunde använts till att odla växtbaserad mat för människor. Med de resurser som krävs för att producera kött till en person kan man kan i stället föda flera människor på vegetariska produkter.

Denna ineffektivitet leder till en utvidgning av jordbrukssystemet och kräver mycket mark, vilket bland annat har lett till skövling av regnskog. Allt jordbruk – särskilt modernt industriellt jordbruk – har någon form av miljöpåverkan, och med en utökad industriell jordbruksproduktion ökar denna påverkan på miljön. Att möta vår tids stora miljöutmaningar och samtidigt behålla dagens köttproduktion är en svårlöst, kanske omöjlig, ekvation.

Jordbrukets miljöpåverkan handlar inte bara – eller ens primärt – om metanutsläpp från kornas matsmältning. Det handlar om en rad negativa miljöeffekter från en av världens mest resursintensiva sektorer. Melin har rätt i att det går att minska jordbrukets miljöpåverkan på flera sätt, men sådana omställningar tar tid och kostar pengar – vi känner alla till skalan på den utmaning som en omställning av vårt samhälle till förnybar energi innebär. Melin har också rätt i att Sverige bör fortsätta att arbeta globalt för minskade utsläpp. Men långsiktiga förändringar och internationellt påverkansarbete utesluter inte smarta och snabba förbättringar på hemmaplan; vi ska absolut använda förnybar energi i jordbruket, men i dagsläget är produktionen fossilbaserad.

Många människor förstår med sunt bondförnuft att köttproduktionens miljöpåverkan sträcker sig långt bortom metangas från kornas matsmältning, liksom att vi måste diskutera biobränslets miljöpåverkan även om de kan spela en viktig roll i förnybar energiproduktion.

Vore det inte därför helt fantastiskt om vi kraftigt kunde minska hur mycket mark, bekämpningsmedel, och gödsel vi använder, men fortfarande ha lika mycket – fast nyttigare - mat kvar på tallriken?

Svaret på detta icke-dilemma är en kost med mindre kött. Man behöver dessutom inte bli vegan över en natt för att göra skillnad: all minskning av köttkonsumtionen tar oss närmare den nivå där kött produceras endast där det är mest lämpligt, minskar omedelbart och kraftigt din personliga miljöpåverkan, samt begränsar dödandet av levande varelser.
Melin ser som vd för Svenska Bioenergiföreningen såklart fördelar med en stor nötkreatursindustri så länge den är driven av bioenergi. Vi andra bör fråga oss om vår nuvarande nivå av köttkonsumtion är värd de oerhört stora kostnader den medför – för miljön, för vår privatekonomi och för de vi delar vår planet med.

Varför inget händer.

För den som lyckats ögna sig fram genom boken måste nu nästan höja på ögonbrynen lite i en stilla undran över hur länge man har vetat det man nu säger sig veta om klimatet.
Jo, frågan är i högsta grad berättigad, för det man nu vet är det i sakfrågan inte så stor skillnad på mot vad man visste redan för 20 år sedan. I tidsperspektiv, vad gäller prognoser, är det viss skillnad om man i en rapport säger att vi drabbas av hemskheter om 150 år mot att säga att samma hemska problem riskerar att drabba oss redan om 35 år.

Något syndrom kan ligga bakom. För om 150 år lever ingen som lever idag. Men det gör det om 35 år. Och då kommer ju saken i ett annat läge, så att säga. För den som tror med sig att ha loggat ut inom 35 år kan också känna en viss befrielse och tycka att då slipper jag undan. Nu är klimatfrågan i högsta grad en politisk fråga och en politiker har så mycket annat att ordna med, vilket gör att närtiden prioriteras.

Dessvärre har det globala läget under de årtionden då FN-konferenser har debatterat klimathotet för varje år förvärrats. Det beror på den grundläggande liberala ekonomi som styr världsutvecklingen. Den omfattas av våra medier och politiker som inte inser att det är just den liberala marknadens drivkrafter som har skapat klimatkrisen genom att få människor att arbeta så mycket att de har råd att shoppa i överflöd.

Bli fler, shoppa mer och förbruka mer. Så lyder receptet för välfärdsutvecklingen. Ekonomin måste hela tiden öka för att alla ska kunna behålla sin standard. Stannar den av så blir läget förskräckligt. Då kan vi inte köpa så mycket prylar längre. Vi har bara råd livets nödvändighet, boende, mat, förnödenheter, sjukvård och fritid.
Tänk vad hemskt det vore.

Klimatproblem skulle vi slippa förstås. Men en del gillar ju problem. Det stimulerar hjärnan påstås det. Men inget händer nu i alla fall. Inget annat än småskaliga klimatåtgärder. Helt otillräckliga anser Klimatiska rådet.

Greta Thunberg.

Många fick säkert hicka över 2018-rapporten från IPCC. Inte minst Förenta Nationerna, som till en början funderade på om den verkligen kunde vara sann.
Så småningom la sig ändå rapporten tillrätta i förträngningens garderob. Politikerna gäspade och klimatförnekarna andades ut. Men precis då när det såg ut som att naturens hållbarhet ändå kunde hållas utanför politikens ramar, så dyker Greta upp.

En måndag i augusti sitter en flicka på gatstenarna framför riksdagshuset.
Skolstrejk för klimatet står det på skylten intill henne.

Greta Thunberg deltog i en skrivtävling där hon skrev en debattartikel om klimatet som publicerades. I samband med tävlingen fick Greta höra att studenter i Florida hade skolstrejkat mot skolskjutningarna. Eftersom Greta gick i skolan så funderade hon nu på en skolstrejk för klimatet. Lämplig plats kunde vara utanför riksdagshuset, eftersom Greta ansåg att politiker i allmänhet inte gjorde tillräckligt för klimatet.

Hon försökte få med andra klimatintresserade skolungdomar men ingen var intresserad. Så då bestämde Greta sig för att på höstterminens första dag skolka från skolan och sätta sig utanför riksdagshuset med en egenhändigt textad skylt.

Detta tilltag kunde mycket väl ha passerat obemärkt för allmänheten om inte klimataktivisten Ingmar Renzhog hade råkat passera. Han berättar att han blev tipsad fredagen före skolstart om någon form av klimataktion av skolelever utanför riksdagen. Han bestämde sig för att gå förbi på vägen till jobbet på måndagsmorgonen. Det som chockade honom var att det bara var en ensam tjej som satrt där utan att någon brydde sig. Han passar på att ta ett flertal bilder.

I nästa steg väljer han ut tre bilder som tydligt förmedlar budskapet med Klimat-Greta och till det en känslosam text som ska fängsla läsarna vid första anblicken.
Det genomtänkta inlägget publiceras sedan på Facebook och Instagram med uppmaningen till alla att komma till Riksdagshuset och ge Greta stöd.

Ett par timmar senare har Rentzhog framgångsrikt lockat till sig medias intresse för Klimat-Greta.

Redan samma dag slår Aftonbladet på stort och uppmärksammar skolstrejken. De följande dagarna har de flesta mediehus i Sverige ögonen på Klimat-Greta.

Ingemar Rentzhog uppger att han blivit anklagad för att ha genomfört en PR-kupp.
"Men det faller på sin egen orimlighet. Det går inte att planera för den här typen av genomslag, utan snarare handlar det om att ligga rätt i tiden. Mitt motiv var bara att göra hennes röst hörd. Och det blev den ju, för det bubblar under klimatytan på många håll, även om vi i Sverige ännu inte insett det. Vi hade inte haft Greta Thunberg om inte världen fortfarande hade sovit kring klimathotet. Jag vet att många i USA tycker som jag"
Rentzhog avslutar med att säga att han ser två alternativ för världen:
"Antingen gör vi inte tillräckligt och civilisationen bryts sönder. Eller så börjar vi redan nu att förändra samhället inifrån. Människor hatar förändringar, men vi får inte glömma att samhället bara har sett ut som det gjort sedan vi upptäckte oljan"

Att ha ett av Sveriges främsta pr-snillen på sin sida kan i alla fall inte vara en nackdel.

Med en halv miljon globala följare i sociala medier har Rentzhogs engagemang spelat roll. Och han ser definitivt inget konstigt i det.
"Det här är precis det jag gör, sprider saker globalt."

Resultatet av medias uppmärksamhet blev som att dra proppen ur flaskan. Från alla vrår strömmade människor till i den digitala världen. Klimatproblemen som tidigare legat under insiktsytan dök plötsligt upp på alla läppar.
Utan Renzhogs agerande hade kanske inte Gretas aktion fått en sådan enorm ikonbetydelse för de klimat och miljömedvetna.
Men jovisst, proppen hade säkerligen gått ändå på grund av någon annan aktivism.
Greta hade säkerligen inte satt sig på riksdagstrappen utan önskan om att bli sedd. Och vill man bli uppmärksammad i livet så måste man utmärka sig.
Får man då lite hjälp med detta så är mycket vunnet.
Och spelar det någon roll?
Det gör varken henne eller någon annans engagemang mindre värt. Det gör heller inte klimathotet mindre allvarligt.

Nu blev det i alla fall fart på gäspiga politiker. De på den grönröda sidan tävlar mest med varandra om att skicka hjärtemojis till Greta, istället för att prata om tråkiga saker som koldioxidutsläppsnivåer och förnybara energikällor.

Det brunsvarta gänget fnyser år Greta och tycker att hon är en nickedocka. Ett oskyldigt stackars barn som utnyttjas av vänsterradikala krafter – men samtidigt en 16-årig världsledare som faktiskt får tåla lite kritik (på skolgårdsmobbarnivå), enligt belackarna.

I sociala medier flödar konspirationsteorierna, den ena mer galen än den andra. Antisemiter omfamnar varandras Greta-hat. En dag jämförde någon hennes skolstrejk med häxprocesserna, andra gör narr av hennes diagnoser.

I London höll Greta Thunberg bland annat tal inför det brittiska parlamentet, där hon riktade stenhård kritik mot Storbritanniens klimatpolitik. Mot brittiska naturgasindustrin, oljeutvinningen i Nordsjön och planerna på en ny kolgruva.

Det hindrade inte ansvariga politiker från att storleende ställa upp sig för klimatvänliga selfies med en smått obekväm Greta efteråt: Ed Milliband, Jeremy Corbyn och diverse parlamentariker såg overkligt nöjda ut, trots att Greta just rakt ut kallat dem för ”lögnare”.
Det blev så tydligt i de där fotona att det är de vuxna som vill förknippas med Greta, snarare än tvärtom.

Fortsätt med det du gör sade påven till vår svenska superkändis: den envisa tonåringen Greta Thunberg. Hon som vill att vi ska göra allt för att motverka en klimatförändring som kan förstöra civilisation, natur och miljö.

Greta Thunbergs mission är berättigad.
Hon inspirerar andra unga, menar USA:s förra president Barack Obama på Twitter.
Det tycker inte SD-ledaren Jimmie Åkesson.
"Greta Thunberg gör ingen skillnad", surade han i TV4: "Hon borde gå i skolan." Han menar vara tyst.
Innerst inne vet säkert Jimmie, precis som vi alla, att Greta har rätt. Alla människor ogillar förändringar, en del mer än andra.

Hån och hat förföljer 16-åringen bland hennes landsmän. Man blir inte profet i sitt eget land. Vips är barnet den vuxna i rummet, och vissa vuxna visar sig som en mobb med barnungar. Det spelar ingen roll att fakta läggs på bordet: Att hon inte skolkar. Att hon har ledigt varje fredag mot krav på självstudier. Att hon inte utnyttjas kommersiellt. Att hon inte har indoktrinerats av föräldrarna, det är faktiskt tvärtom säger mor och far. Hon är ingen expert, men hon förmedlar experters ord med sina egna. Med lysande retorik, dessutom.
Greta har inga egna uppfattningar eller lösningar på klimatet. Hon hänvisar till den vetenskapliga forskningen som IPCC sammanställer. Hon vill att politikerna ska lyssna på forskarna och agera.

Det är för sin enastående förmåga att få med sig människor som hon har fått tala på en FN-konferens och i EU-parlamentet.

Greta har sin jargong. Hon pratar som hon skriver. Kort och koncist. Hon kan läsa lusen av politiker och beslutsfattare utan att de törs gå i svaromål. Hon utnyttjar till fullo sin roll som den unga generationens frontfigur.
Ingen vuxen ledare törs officiellt svara upp mot henne. Rädslan för att då få stå till svars inför sanningen är effektivt hämmande. Det är ingen grundläggande skillnad på IPCC:s rapport 2001 mot den som kom 2018. Nästan tjugo år har passerat utan att världens vuxna ledare har agerat på klimatlarmet. Nu har det jäst färdigt hos Greta och hennes generation. Nu är det barnen som driver på de vuxna att agera. Detta är ett fullständigt bedrövligt faktum som ingen vuxen vill ha kastat i ansiktet.
Om man försöker läsa lite mellan raderna så kryper det in en uppfattning om att hon är totalt partipolitisk ointresserad. Greta verkar bara se till resultat.
”Jo, klimatet är viktigt. Men ni gör inget åt det.
Utsläppen bara ökar. Det händer inget”
Så säger Greta åt alla politiker, till höger och vänster och mitt i. Det verkar som hon ser politiker som ett skrå av en samling yrkesutövare. Vad var och en har för politisk färg verkar hon inte bry sig om.

Den vetenskapliga klimatforskningen har via akademierna uttalat stöd för Gretas aktion.
Hjälp från många vuxna har hon. För de flesta vuxna accepterar inte att man ger sig på barn med förlöjligande, hot och verbal ohövlighet. Den taktiken från klimatoppositionen går inte hem. Att spy galla över Greta ger inte klimatförnekarna några poäng.

Det är långt ifrån säkert att någon annan kunnat bli den klimat-ikon hon blivit. Inte ens med all tänkbar PR-hjälp i världen.

Bilden av Greta ger vid handen en människa med bestämd uppfattning. Trots allt av trakasserier, hot och spe som haglat över henne verkar hon förvånansvärt oberörd. Trots alla påhopp så ångar hon obändigt vidare. Knappast ett agerande som pekar mot en styrd frontfigur i ledband. Att det överallt finns människor som försöker tjäna pengar runt ett allmänt intresse kan tyckas trist. Men så är det tyvärr. Det får vi stå ut med.
Greta inkluderat.

Det är ingen grundläggande skillnad på IPCC:s rapport 2001 mot den som kom 2018. Nästan tjugo år har passerat utan att världens vuxna ledare har agerat på klimatlarmet. Nu har det jäst färdigt hos Greta och hennes generation. Nu är det barnen som driver på de vuxna att agera. Detta är ett fullständigt bedrövligt faktum som ingen vuxen vill ha kastat i ansiktet. Trots det så fortsätter den verbala okvädan. Småaktiga, avundsjuka, konservativa och klimatförnekare av alla åldrar och kön gör sitt yttersta för att nedvärdera, misstänkliggöra, håna och låtsas tycka synd om Greta Thunberg. Greta vet ingenting. Greta är ett barn. Greta äter gräs. Greta har fel och Greta är utnyttjad. Klappjakten är ömklig att betrakta.

Men också ett erkännande till hennes aktivism. Hon påstår aldrig att hon har lösningar. Hon vädjar till politiker att inte ignorera forskarna, som i decennier pekat på vart vi är på väg. Hon har gång på gång visat att hon inte har ekonomisk vinning eller dold agenda. Hon sprider inget hat, fejkar ingenting och hotar ingen.

Rävaktiga reportrar har försökt få Greta att yttra sig med egna kunskaper om klimatproblem eller att komma med egna lösningar. Greta är påläst, inte tu tal om annat. Säkert har hon synpunkter om mycket också. Men så länge hon inte yttrar något själv om orsaker och lösningar så har belackarna mycket svårt att komma åt hennes ikonstatus. Konceptet att hänvisa klimatfrågan till IPCC och lösningarna till ledare och politiker har hon säkert fått hjälp med. Så länge Greta håller sig till den agendan så överlever Greta-effekten.

Gillis Krönika.

Före och efter Greta. För eller emot Greta.

I alla fall så var Greta inte först och kanske inte sist heller. 3 tjejer hade försökt med skolstrejk tidigare. Två i USA och en i Australien. 2 mot klimatet, 1 mot skjutning. Två hamnade i lokalpressen. En hamnade precis som Greta i internationell media. Men det bet liksom inte. Rann ut i sanden. Ingen av dessa lyckades med konststycket att bli ikon som Greta.

Varför inte?

Tja, tillfälligheter eller rätt tajming ligger närmast till. Det hade helt enkelt jäst över i klimatfrågan för alltför många. Att vetenskapen negligerades så till den grad från politiskt håll i Sverige sågs inte med blida ögon av många röstberättigade. När denna frustration även visade sig finnas globalt så klev vuxna in i ledet bakom barnet i rummet som fylldes på med fler barn och så gick dominoeffekten igång.

I dagens media verkar varenda bransch i näringslivet vilja framhäva sig som klimatsmarta. Innovationerna flödar av kreativitet vad det gäller fossilt alternativ. Det labbas med en radda av nya tekniklösningar. Skogsnäringen planerar för en radikal omställning till nya trädarter. Till och med flygindustrin jobbar för högtryck med både nya motorer och lättare plan. Oljeshejkerna börjar darra på manschetterna och satsar sina surt förvärvade biljardförmögenheter på att bli solkraftsproducenter.
Det formligen sprutar fram embryon till den nya gröna värld-sekonomin från alla håll och kanter.

Det är bara att konstatera att före Greta fanns detta inte ens på agendan.

Bra eller dåligt! Tja, bollen är nu i rullning.
Marknads-krafterna tar alltmer över.
I den konkurrensen finns ingen långbänk.
Politikerna pratar och pratar i bästa fall.

För eller emot Greta!
Tja, alltid retar Greta nån. Andra barn blir avundsjuka.
Och så hånas, förlöjligas och hotas hon av, hör och häpna, en hel skrälldus av vuxna människor.
Bedrövligt är ordet.

Och vi andra kommer säkert att shoppa vidare som vanligt. Just därför återstår det nu "bara" att komma till rätta med Excess consummatio (överkonsumtionen).
Ny Greta får inväntas.
Det är välan tur att det finns barn...

Fridays for future.

Eller Skolstrejk för klimatet är en internationell rörelse bestående främst av skolelever som väljer att inte delta fullt ut i sina skollektioner och istället delta i demonstrationer för att kräva åtgärder för att förhindra mer global uppvärmning och klimatförändring. Rörelsen växte sig allt starkare när den svenska klimataktivisten Greta Thunberg började sittstrejka regelbundet utanför Riksdagshuset i Stockholm, från den 20 augusti 2018 med plakatet "Skolstrejk för klimatet”

Fridays for future är inte ett svenskt varumärke utan ett tyskt.

Tyskland har sedan länge en av EU:s starkaste och mest dominanta miljörörelser, det finns många stora organisationer och de är välorganiserade.
Vi kan konstatera att tyska Miljöpartiets ungdomsförbund är de drivande krafterna bakom den ideella och spontana rörelsen kring klimatstrejkerna.

Fridays for Future kontrolleras av stiftelsen Plant for the planet och den nya föreningen Organize Future!, som i sin tur grundats av en rad aktiva medlemmar i tyska Grön Ungdom, ungdomsförbundet för tyska Miljöpartiet Die Grüne.

Första globala strejken.

Demonstration i Köpenhamn 15 mars 2019.

Den första stora organiserade demonstrationen ägde rum den 15 mars 2019, vid namn *Global Strike for Future*. Den tog plats världen över i mer än 140 länder och mer än 2 200 platser. Mellan 1,4–1,8 miljoner människor ska ha deltagit i demonstrationerna. Endast i Sverige genomfördes mer än 100 demonstrationer och Greta Thunberg ska vid demonstrationen vid Mynttorget i Gamla stan bland annat ha sagt:

”Vi står inför den största kris mänskligheten har stått inför. Ändå har den ignorerats i decennier av de som vetat om den. Vi strejkar för att vi vill ha en framtid.”

Andra globala strejken.

Demonstration i Quebec 24 maj 2019.

Den andra stora organiserade demonstrationen ägde rum den 24 maj 2019 och likt den första hette även *Global Strike for Future.* Mer än 1,8 miljoner människor i mer än 120 länder, på 2 300 platser demonstrerade denna dag. I Sverige arrangerades över 100 demonstrationer och demonstrationståget i centrala Stockholm tågade från Humlegården till Kungsträdgården där drygt 4 000 ungdomar deltog.

Efter marschen höll Greta Thunberg ett tal för närmare 6 000 personer i Kungsträdgården där hon bland annat sa: ”Vi är här för att städa upp efter våra föräldrar... De struntar i att det kommer att vara sent när vi är färdigutbildade. Ni vuxna som säger att vi ska vara i skolan – strejka från jobbet, gå ut på gatorna, skrik!”.

Gillis Krönika.

Ibland kan en försöka sig på att vara lite vitsig. Men det är ju ingen vits med att sätta sig på sadeln och trampa iväg innan man har låst upp cykeln. Gäller att göra allt i rätt ordning då, annars är man "ute och cyklar", och då kan det rent av gå åt helsefyr. Så är det praktiskt taget med det mesta som inte bör gå åt pipan.

Från början har man ju som vanligt "ingen aning", när man är novis. Det monumentala är att komma till insikt om att något är helt nödvändigt att göra något åt. Nästa moment blir att klura ut vad som är bästa åtgärd. Till slut gör man det som man från början inte riktigt insåg behövde göras.

Först kommer alltså ovetenskapen, sen kommer Greta, därefter kommer åtgärdsanalysen och sist men inte minst blir det förhoppningsvis fart på galoscherna. Fyra faktorer sammanlagt som samverkar till att göra oredan redigare. Svårare än så behöver det inte vara, även om insikten kan svida. Och börjar det svida om fingrarna också, så kan man stoppa stumpen i pipan, sa han som rökte cigarr.

Vetenskap.

Födelsen av modern vetenskap räknas till 1500- och 1600-talen i Europa. Vad som kan klassas som vetenskapliga experiment och observationer har emellertid gjorts så länge som mänsklig civilisation har funnits. Människan har alltid använt sin medfödda förmåga att se mönster och orsakssamband bakom naturliga fenomen och att formulera dessa som logiska principer och förutsägelser.
I förhistoriska tider fördes råd och kunskap vidare från generation till generation genom muntlig tradition, och arkeologiska fynd visar att det förekom utveckling av astronomisk kunskap före skriften.
Vetenskap är produktion av ny kunskap med systematiska metoder.
Vetenskap om klimat baseras på akademisk forskning, som har publicerats i vetenskapliga publikationer och som ska ha granskats av oberoende vid annan akademisk institution.
Granskaren skall kontrollera bedömningskriterier som att argumentationen är saklig, att resultat och slutsatser har ett nyhetsvärde, att publikationen refererar och bygger vidare på annan forskning inom området, samt att systematiska (vetenskapliga) metoder har använts och redovisats på ett sätt så att andra kan reproducera resultaten och bedöma slutsatsernas tillämplighet och tillförlitlighet.
Vetenskap beskrivs som evidensbaserad kunskap, och ställs ibland i motsatsställning till beprövad erfarenhet, praktikerkunskap och konst, samt trosuppfattningar och pseudovetenskap.

Gillis Krönika

Spela hos oss skrålar allt fler spelbolag. Alla får 100 free spins. Man kommer inte längre undan detta lockande pockande ocker. Vart man än vänder sin blick och riktar antennerna så är något Casino där och hetsar efter ens surt förvärvade slantar.

Undrar vad de vill att jag ska spela på?

Allt går tydligen att gambla med nu för tiden. Man kan spela på olika resultat eller på rena turen. Man kan t.o.m. spela på klimatet, vilket faktiskt inte är någon bluff. Oddsen, eller möjligheten att vinna, skiljer sig dock markant. Man har hela 97% chans att vinna på klimatliret om man satsar på vetenskapen. För den som spelar emot är chansen att överleva till nästa lönedag endast 3%. Kan ju bli några domedagar då, när man får svälta.

Man kan undra vad vinströtan är på en enarmad bandit. Mellan 90-98% om den är ärlig, säger den insatte. Kors i jösses, inte illa pinkat. En ärlig bandit vet alltså hut, medan den oärlige banditen kanske tar ett veto beslut. Men mer än ynka 3% vill man absolut ha, för så lite i återbäring ger ju inte ens skrap och tombolalotterier.

Nåväl, någon oärlig bandit ska i vart fall inte få lägga rabarber på något av det jag skrapat ihop. Safety first är säkert bättre än U.S. first, så självklart lägger jag min insats på vetenskapen.

Inte för att jag tror att jag blir miljardär på den kuppen, för naturens krafter har en märklig förmåga att övervinna allt. Men med en gnutta flax så kanske jag vinner en grön lax.

Kungliga Vetenskapsakademien.

Solens aktivitet kan inte förklara den globala uppvärmningen. Forskningen bakom den teorin innehåller allvarliga brister, menar ledande klimatforskare.
Kungliga vetenskapsakademien håller delvis med och säger att klimatproblemet måste tas på allvar och att allt annat än kraftfullt agerande mot den globala uppvärmningen är oansvarigt.

Kungliga vetenskapsakademien ifrågasätter i ett uttalande om klimatförändringarna att de kan förklaras av solaktiviteten: "Det finns inte några tillförlitliga indikationer på långsiktiga variationer i solstrålningen utöver solfläckarnas välkända 11-årscyklar. Rymdobservationer, tillgängliga för de senaste 30 åren, har pågått för kort tid för att bekräfta tidigare använda indirekta uppskattningar. Förståelsen för andra metoder som kan ge en uppskattning av solstrålningen, eller andra rymdrelaterade klimatinfluenser, är ännu begränsad, skriver professorerna Lennart Bengtsson, Stefan Claesson, Henning Rodhe och Gunnar Öquist.
Klimatsystemets respons på yttre påverkan är komplex och vår kunskap kommer aldrig att bli fullständig. Men detta får dock inte tas som intäkt för att förringa klimatproblemets allvar. Samtidigt som det vetenskapliga arbetet måste fortsätta, är det enda samhälleligt ansvarsfulla förhållningssättet att vidta kraftfulla åtgärder för att begränsa riskerna anser Kungliga vetenskapsakademien.

Lennart Bengtsson, som sitter i ledningen för atmosfär och rymdinstitutet ISSI och är en ledamot av vetenskapsakademien, säger till DN att han är frustrerad över bristen på vetenskaplig substans i den senaste tidens klimatdebatt.
Det viktiga är att komma fram till förnuftiga lösningar, säger Lennart Bengtsson.

FN:s klimatpanel skriver i sin senaste rapport att en fördubbling av koldioxidhalten troligast kommer att ge en uppvärmning på runt 3 grader. Hittills har dock temperaturen bara ökat med 0,8 grader sedan 1800-talet, och under de senaste 15 åren har kurvan blivit flackare, trots att utsläppen av växthusgaser fortsatt i samma takt som tidigare.

Det är ingen tvekan om att människan har en påverkan. Vad vi inte är säkra på är varför uppvärmningen går så långsamt. Det är möjligt att planeten kyler ned sig mer effektivt än vad vi tidigare räknat med. Det är också möjligt att det lagras mer värme i djuphavet, så att det finns en tröghet.
Han ställer sig också kritisk till hur olika forskare väljer att betona vissa aspekter och scenarier medan de tonar ner andra, och poängterar därför att FN:s klimatpanel IPCC är bra.

Man kan inte annat än förundras över Lennart Bengtsson inlägg i klimatdebatten. För 20 år sedan framstod han som en ren klimatalarmist. Sedan plötsligt svängde han om och lierade sig med vännen Lars Bern och kärnkraftskramarna i en ren klimatisk skepticism. Då blev han minsann med ens välkommen i klubben av klimatförnekare. Efter några år gjorde den gode Lennart ett tvärtkast igen då han framför att problemet med klimatet är att växthusgaserna sannolikt inte är harmlösa. Då blir klimatförnekarna så ledsna att de anser sig förstå att även Lennart Bengtsson kan bli ledsen av att bli motsagd.

Vilket de sedan tycker han får tåla när han i sakfrågan velar så som han gjort. Då blir Lennart uppenbarligen ilsk för han kontrar med att klimatdebatten urartat genom att frågan har kidnappats av amatörer, till vilka han uppfattas includera allt och alla som debatterar mot honom. Skolungdomar och kulturjournalister får sig en känga också. De, menar Lennart, vet inte ett jota av vad de pratar om. Uppepå det anser Lennart att vi i lugn och ro behöver jobba vidare med klimatfrågan. Vilka ”vi” är framgår inte, men antagligen menar han klimatforskare.

I alla fall kan det väl inte vara något kontroversiellt i att jobba vidare. Så klart ska forskarna det.

Fast nu hör det ju också till saken att forskarna faktiskt jobbat vidare. Under 30 år faktiskt och kommit fram till ett resultat som man visste redan 20 år tidigare. Resultatet backas dessutom upp med ett åtgärdskrav från Kungliga vetenskapsakademien, signerat Lennart Bengtsson själv. Allt medan ledare och politiker bara står handlingsförlamade och tittar på.

Konspirationsteori i klimatfrågan.

Det är lätt att halka in på konspirationsteorier:
Vissa tror fortfarande på allvar att jorden är platt, andra påstår att månlandningen 1969 var en bluff.
Alla konspiratörer säger sig ha många anhängare och har ”bevis” som presenteras av någon ”expert” någonstans te på nätet. Denne anonyme ”expert” är inte sällan nobelpristagare, fysiker eller erkänd forskare.
Mycket av denna bevisning består mest av antaganden.
Man drar till med att det är uppenbart, eller att det kan väl vem som helst räkna ut, eller att det finns all anledning att misstänka.
Visserligen består världen av många korrupta skitstövlar.
Vad för fack man ska placera in konspiratörer i kan man diskutera. Kanske i två fack till att börja med. Den som har hållbara bevis och belägg i det ena facket och den som svamlar med antydningar i den andra.

Den allvarligaste konspirationsteorin framfördes av forskaren Lars Bern. Under dryg programtid fick han, helt oemotsagd, lägga ut texten om att hans kollegor inom den vetenskapliga forskarvärlden hade hittat på växthusteorin för att få ökade forskningsanslag.
Han har senare erbjudit Sverigedemokraterna sina tjänster, vilket måhända har bidragit till partiets klimatnegation.

Man kan gärna vara kritisk till forskningsresultat men nu har vi kommit till en punkt då man tvingas lita på den överväldigande majoriteten av internationella forskare från olika akademiska områden, vilka får mätresultat som tillsammans förenas i slutsatsen att vi påverkar klimatet med våra fossila utsläpp.

Är det inte dags att sluta konspirera och istället bromsa in lite och vara varsammare med vårt jordklot, kanske med en liten tanke på efterkommande generationer?

Gillis Krönika.

Minns du trollerilådan?
Klappen som låg i det färggranna paketet du fick av Jultomten. Denna magiska låda, vars lock öppnades med en andakt av mystik och förväntan.
Äntligen fanns redskap till att kunna förbluffa släkt och kompisar.
Manipulerad kortlek, tärningar som alltid kom upp med samma siffror hur de än kastades. Trolleri-spö naturligtvis, och en svart brädhatt med dold vit kanin i fodret.
Efter lite övning tog trixandet fart. TV:n stängdes av.
Nu ni kära publik ska ni allt få se. Smussel och pussel. Tissel och tassel som ibland blev till trassel. Avledningsgester var en del av framgången. Alla blev så storögt imponerade att munnar gapade tomma i fåtöljerna.

Alla ville veta hur det gick till, men absolut inga trolleriknep avslöjades efter showen.
Succen blev total.

Men det var då det. Numer krävs det mer stordåd än så av en illusionist för att för att publiken ska förtrollas.

Som till exempel att ha förmågan att kunna trolla bort växthus. Omöjligt säger vän av realism. Fullt möjligt säger Lars, som med diverse formelmatematik i kombination med mångtusenåriga förtrollande fakta påvisar att växthuseffekten är noll. Den finns inte mer nu säger Lars och viftar till med sitt trollspö.

Hans abrakadabra mynnar ut i att om man går in i ett växthus så är det alltid samma temperatur där inne som utanför. Enligt Lars trollska konspirationshypotes kan man alltså lika gärna odla tomater och gurka på frilandet. Många lär säkert bli så imponerade av Lars magi att växthus i framtiden blir en raritet som på domedagen kommer att utgå ur affärernas sortiment.

Ett svep med Lars trollspö var allt som behövdes.
Vips var klimatproblemet löst. Hipp hipp hurra.
Växthuseffekten var inget annat än en illusion.

Domedag eller Klimatkris.

Domedagen är tanken på en slutgiltig gudomlig avkunnad dom över världen där allt levande förgås.
På ren svenska kallad för "Ragnarök".

Verkar främst ha drabbat de som anser att klimat och miljö är rätt bra hemikring.

Klimatkris och därmed risk för extremväder och översvämningar.

Verkar främst ha drabbat de som anser att klimat och miljö är i olag långt borta.

Den ena gruppen pratar om jordens undergång.
Den andre pratar om mänskligt lidande.

Eftersom ingen tror på den ene eller den andre så är väl som i sagan om herdepojken som gång på gång sprang hem till staden och ropade "Vargen kommer" bara för att få uppmärksamhet. Till slut kom verkligen vargen, men då trodde ingen på honom längre. Däremot slutar allt fler människor att tro på förutsägelser som aldrig slår in eller är helt orealistiska.

De som pratar om domedagen verkar inte ens tro på att den någonsin kommer.

De tycker att klimatkrisen bara finns i en fantasivärld där bilden målas upp av att naturen och klimatet håller på att kollapsa, fast vanliga människor kan titta ut genom fönstret och se att det inte stämmer. I alla fall inte hemikring.

De som pratar om klimatkris använder inte begreppet domedag. De anser att klimatkrisen ska hanteras.
De tycker att domedagen är en fantasibild. De vill inte att den ska synas genom något fönster. Inte ens i annat land.

Bland vetenskap tillämpas metodologisk naturalism, det vill säga man studerar endast naturens lagbundenhet och formulerar inte hypoteser och förklaringar som innefattar övernaturliga fenomen såsom ragnarök eller domedag.

Så om ingen, inte ens vetenskapen, verkar tro på domedagen. Varför pratas det då om den?

Förmodligen finns det bara en förklaring.
Att den ene inte förstått att det är en klimatkris som den andre pratar om.
Medan den andre inte förstår ett jota av varför den ene tjattrar om domedag.
Måhända är förklaringen så enkel att den ene, för sin egen del, ser en påtvingad förändring av sitt livsbeteende i vardagen som en domedag.

En av många forskare som målats ut som en domedagsprofet är Professor Johan Rockström.
Han ställer sig frågande till utnämningen då han samtidigt fått mycket kritik för att inte tillräckligt ha belyst klimatriskerna. Han har ändå belyst risken med den s.k. dominoeffekten. Detta att en enskild förändring kan "trigga" igång andra förändringar. Ett exempel på detta är att en global uppvärmning skapar torka, som i sin tur kan skapa omfattande skogsbränder, vilka i sin tur frilägger kol som blir till mer koldioxid i atmosfären samtidigt som den nerbrända skogen inte på länge kan förbruka koldioxid, vilket ökar koldioxidhalten i atmosfären, vilket leder till mer global uppvärmning och risk för ännu fler skogsbränder.

Domedagsprofeterna har fel om klimatet säger han själv. Klimatförändringarna är påtagliga och det är lätt att falla in i undergångsbeskrivningar. Men det finns dåligt med vetenskapligt stöd för domedagsprofetiorna. Det är inte kört. Än...

Klimatbluffen.

Alla känner väl till Klimatbluffen. I alla fall den figur som håller till på nätet.
Klimatbluffen kan nog vara fler än en figur. Bluffande lurendrejare har många ansikten. Vem som gömmer sig i teaterns valskulisser vet nog ingen. Det som alla bluffare har gemensamt är att de tjänar pengar på att lura andra. Artiklar från Klimatbluffen cirkulerar som kedjebrev där många delar dessa inlägg vidare till sina vänner. Desinformation, skapade av Klimatbluffen, som ofta är fullsmetade med reklam. Bluffar bäst som bluffar mest och tjänar mest som bluffar som en häst. Klimatbluffen är den självklara ekonomiska vinnaren. Sekiner strömmar in vid varje delning. De som delar vidare lurar sina vänner, vilket i insiktens karga miljö knappast kommer att uppskattas i efterhand. Alla läsare blir insiktsförlorare. Utom Klimatbluffen själv, som lever gott på insikten om att så många andra säkert är så korkade så de "går på" bluffen.

Men inte alla, för en och annan har synpunkter på Klimatbluffens påståenden. Synpunkter som i åratal har försvunnit i mängden av jublande världsfrånvända entusiaster, för vilka Klimatbluffen tycks vara det sista halmstrået. Nu har ju detta pågått ett tag och skaran av entusiaster och presumtiva delare börjar avta. Vägarna som delar sig till ökande bluffsekiner börjar med andra ord att korka igen. Vilket Klimatbluffen själv säkert tar med ro. Det går så länge det går. Eller åtminstone så länge som reklamföretagen vill anlita Klimatbluffens forum.

Klimatbluffens företagsidé bygger på att forskare söker pengar för att forska på det som de inte kan bevisa och att myndigheter har funnit ett sätt att skrämma folket till att betala skatt utan protester och att ingen verkar vilja försöka genomskåda bluffen utom Donald Trump.

Hela klimatbedrägeriet påminner alltför mycket om H.C. Andersens saga "Kejsarens nya kläder". Där ingen vill utsätta sig för att verka vara barnslig nog att ifrågasätta Klimatbluffen, som påstår att IPCC, politiker och forskare hungrar efter makt och pengar.
Klimatbluffen framhåller att två forskare sätter sig på tvären i klimatdebatten. Och visst är det bra att det finns utrymme för det också. Men för att man ska kunna tolka detta är det bra att veta att den absoluta majoriteten av forskarna, däribland de tusentals forskarna som bidrar till FN:s klimatpanel IPCC, erkänner människans bidrag till klimatförändringarna.

Så vad finns det då för motiv att välja att tro en extrem minoritet?
För Donald Trump är det självklart. Hans politiska makt bygger på stöd från olje- kol- och fossilgasbolag som kommer att kämpa till sista droppen olja för sina profiter, oavsett vad det får för konsekvenser för jorden. Det är inte på grund av elakhet - utan de vill som alla andra företag bara få en profit.

Tyvärr kommer denna profit att innebära stora skador - extrema väderhändelser och naturkatastrofer ökar redan nu i klimatförändringarnas spår - och de som drabbas hårdast är fattiga länder, som använt minst fossila bränslen.

De tre senaste åren var de varmaste sedan mätningarna startade, rapporterar WMO. De allra flesta har gått vidare från att debattera detta, och riktar in sig på lösningar.

SD:s klimatförnekande beror antagligen på att frågan inte bryr sig om några etniciteter, nationsgränser eller gränskontroller. Den kräver att vi agerar tillsammans, som människor. Och när nationalismen inte har några svar så är det lättare att stoppa huvudet i snön.

Koldioxidutsläppen accelererar. Ingen fara på taket säger Klimatbluffen. Koldioxid är bara nyttigt. Ju mer desto grönare blir det i naturen. Hoppet står den lede bi.

Gillis Krönika.

Öronen slutar aldrig att trilla av.
Man baxnar varje gång en bluffmakare byter ut en bluff mot en annan bluff så fort den gamla bluffen inte längre går hem. Och det gör den nu inte längre på temperatur-skalan av en orsak som alla nu fick veta att andra vetat om länge. Till och med Kinnunen vet nu detta, utan att själv riktigt verka förstå varför det blivit på dette vis.
En fullkomligt lysande politik!

Sin gamle rådgivare, doktor Bern, vill han nu inte längre kännas vid, då denne blånekar till det han tidigare sagt i TV, trots att alla nu kunde höra det ordagrant i repris.
Även Kinnunen tvingades åhöra detta i TV, utan att riktigt verka förstå varför programledaren nödvändigtvis skulle spela upp denna nesliga skeptik i efterhand.
Men bra underhållning går just ut på att ge publiken det den vill ha.

I bluffbruket framställs det nu som sämre om man blandar i svenskt biodrivmedel i tanken än ryskt. Vilket marknadsförs som en bluff i den gröna skatteväxlingen. En ny bluff alltså, som är tänkt att ersätta den gamla och samtidigt ge lite draghjälp i makeriet med en övermålning av det gröna med brunt så att vi andra inte ska se rött.

En strålande färghållning!

Fegisar, säger kapten Bolund om makarna.

Nämen fy på sig, så kan man inte säga.
En krukmakare är väl ingen bluffmakare.

Klimatkommentarer på nätet.

Vi har väl det väder vi har.

99% av alla forskare har fel.

Jag har iaf inge emot att de blir lite varmare.

Skolkande snorungar vet inget.

Det här fixar Gud.

Jag vet att det inte är så.
Dom <u>tror</u> att vi är idioter. Men jag <u>vet</u>.

Donald Trump kan visst läsa av termometern.
Han är fullt klimat-kompetent.

Tja ba. Det ordnar sig.

Jorden har gått under 112 gånger under min livstid.
Men jag lever ännu.

Sverige är helt på fel väg.
Drygt 80% av svenskarna har varken ögon eller hjärna och fattar nada.
Resten är politiker och dom lyssnar inte på oss.

Gillis Krönika.

Debattämnen kommer ofta från så kallade oberoende nyhetskällor. En sida av saken som är helt beroende av att så många som möjligt delar vidare. Ju fler som gör det ju mer reklampengar trillar in. Blir tillströmningen god så blir verksamheten oberoende av allt annat än redaktörens åsikter, vilka de nu är. Eftersom sanning säljer sämre än otrolig sanning så vill redaktörer ofta lansera den senare varianten. De blandar friskt med sina egna åsikter. Men på något vis hakar det ibland upp sig i direktiven från redaktör till redaktion. Då blir det bara o:et i otrolig som kommer med. I övrigt är allting givetvis sanning.

Dagens debattämne hämtar en redaktör från klimatets slask. Ni vet, av samma typ som GW Persson brukar prata om att polisutredningar lämnar efter sig. Uppgifter som utredarna anser inte tillför målet någonting. Redaktören i det här fallet har tvingats försörja sig på egen nyhetssida efter ett moderat utkast där hen fick smeknamnet MU p.g.a. sanslöst beteende. Numer anser sig MU verka i sanningens tjänst.

MU beslutade sig för att lansera slaskens teori som ett seriöst alternativ till huvudspåret.
Eftersom teorin hamnat i slasklistan så var den inte allmänt känd. Med lite redaktionella vinklingar kunde teorin enkelt omformas till en nyhetssensation och till och med uppfattas som en sanning. Det fria ordet löser alla sådana problem. Mer knepigt var att MU inte kunde använda forskarna som referens, vilket vore olagligt.

Det gällde nu att övertyga någon, helst något parti, om att teorin ändå kunde vara sannolik. Men MU fick gräva djupt ner i partidivisionerna innan hen fann det hen sökte. Ett parti, lika oberoende som hens egen nyhetssida, som gärna ville ha lite reklam för sitt befinnande då mycket få för närvarande kände till partiet.

Reaktionerna lät inte vänta på sig. Artikeln delades friskt på nätet. Reklamintäkterna rullade in i samma takt som kommentarerna haglade. Det här var ju inte så kul eftersom artikeln saknade källuppgifter.
Desto roligare blev det för de som nöjde sig med att följa med i kommentarfältet.

Först in var det oförargliga Tja ba-gänget med sin hurtfriskhet.
”Klart det är så här”
”Inga problem. Kör på”
”Bra jobbat”
”Instämmer. De ordnar sig”

Därefter gör Galla-gänget entré.
I mer förarglig ton. Enligt någon Mas-utredare skulle detta gäng bestå av en majoritet vuxna män som sympatiserar med Svarte-Petter partiet. Hur det nu än är med detta så ägnar sig skaran åt att nedvärdera Greta p.g.a. sin ålder, sin diagnos och förmodat begåvningshandikapp.
Snorunge, skolkare och Mongo-unge är de vanligaste tilltalen när skaran spyr sin galla.

När detta illamående lugnat ner sig så dyker plötsligt en kemist upp, som säger sig vara lärare på gymnasiet. Denne vill med ett stort antal avancerade formler påvisa att uppgifterna i artikeln stämmer exakt med hens egna beräkningar.

Vad kemisten inte vet är att artikeln bygger på en forskning där seriöst framtagna grunduppgifter i slutändan inte stämde mot mätbara värden. Det var ju därför forskningen hamnade i slasken.
Direkt gör Tja ba-gänget re-entré i lång rad.
"Bra jobbat"
"Äntligen någon som kan"
"Nobelpriset, tja ba"
"Där har vi beviset"

Sedan återkommer Galla-gänget.
"Där fick gräs-Greta"
"Skolkande snorungar vet inget"

Så där håller det på i timmar innan någon försynt undrar om någon eventuellt vet vad för fakta som ligger bakom och vilka som gjort forskningen.
Den ende som svarar är från Tja ba-gänget som tycker att detta är oväsentligt.
"Så här e de ba. Inget att snacka om saken"

Vid det här laget har hundratals kommentarer passerat. Till slut går det i alla fall för några att komma in i debatten med en mer seriös aspekt.
Men då artikeln har selekterats från forskningsrapporten så ger den inte svar på deras frågor.

Någon yttrar följande kommentar:
"Då vet vi inte ändå"

Men vet, det gör näste kommentator. Hen vet minsann allt. Hen vet så mycket att någon till slut tycks känna sig tvungen att avbryta med att undra vad det är hen egentligen vet.
Vetaren får lite svårt att förklara sig med annat än:
"Jag vet. Det har jag vetat hela tiden.
Inget att snacka om saken"

Vetaren får till slut hjälp av en själsfrände som också vet. Dessa två storvetare finner varandra i ett frenetiskt bollande av kommentarer där de förmodligen tävlar om vem som vet mest. Vilket mynnar ut i att de är överens om att de nog vet lika mycket. Vilket för den som analyserar kommentarerna är lika med inget alls.

Den förste vetaren avslutar med följande kommentar:
”De tror att vi är idioter. Men jag vet”

Den andre vetaren svarar omgående:
“Instämmer till fullo“

Svårtolkat yttrande. Förste vetare säger sig veta att han är idiot till skillnad från de som bara tror. Andre vetare instämmer till fullo i att de båda är idioter. Hm….

Sedan verkar det som om illamåendet från Galla-gruppen smittar av sig. Debatten avslutas. Mu kan råma belåtet.

En presidents klimaterium.

Vad har presidenten för åsikt i klimatfrågan?

"Om du tittar på vår luft och vårt vatten just nu så är det rekordrent"

Men klimatrapporten från Vita huset då?

"Jag tror inte på den"

Presidenten tror inte att det är problem med klimatet?

"Nej, för ett av problemen är att jag själv och många andra människor har väldigt hög intelligens och inte är särskilt troende"

"Alla säger att det blir varmare. Men idag på Thanksgiving day är det riktigt kallt. Vad hände egentligen med den globala uppvärmníngen"

Det är ett typexempel över hur fortsatt skeptisk en president är till vad rapport efter rapport säger håller på att hända med det globala klimatet. För nej, enstaka köldknäppar säger inget om den långsiktiga trenden. Det är inte presidenten som beställt National Climate Assessment och han gillar inte resultatet - Jag tror inte på den!

I USA noterade många också att Vita huset valde att släppa rapporten på Black Friday, en dag då få ägnar sig åt att konsumera nyheter och desto fler åt att konsumera varor och produkter. Rapporten skulle egentligen ha släppts i december, men flyttades fram. Säkert är att rapporten är bister läsning för en amerikansk president. Den globala uppvärmningen kommer att stå landet dyrt, inte minst ekonomiskt, förutspår författarna.

Här är några av de viktigare slutsatserna och varningarna i rapporten

1. Människan orsakar den globala uppvärmningen

Detta är ingen nyhet, det är något som FN:s klimatpanel sedan länge slagit fast. Presidenten fortsätter dock att uttrycka sin skepsis. ”Jag vet inte om människan ligger bakom”, sa han i en intervju med CBS. Den nya amerikanska rapporten uppskattar att 92 procent av klimatförändringarna vi nu ser, är ett resultat av människans handlingar.

2. USA blir allt varmare och det kräver liv:

Värmeböljor kräver redan fler amerikanska liv per år än det sammanlagda antalet dödoffer för orkaner, jordbävningar, tornados och översvämningar. Dessa siffror kommer bara att öka. Värmerelaterade dödsfall kommer att kosta USA:s ekonomi 141 miljarder dollar år 2090, förutspår rapporten. Staden Phoenix i Arizona upplevde 80 dagar som var varmare än 37,8 grader år 2000. Vid slutet av århundradet kan staden tvingas genomleva upp till 150 dagar per år med så höga temperaturer.

3. Klimatförändringarna kostar pengar, stora pengar:
Rapporten varnar också för de ekonomiska kostnaderna. Om inte rejäla åtgärder sätts in för att motverka den globala uppvärmningen, så kommer klimatförändringarna vid detta århundrades slut att ha kostat den amerikanska ekonomin motsvarande tio procent av landets totala BNP.

4. Skogsbränderna i Kalifornien är bara början:
Kalifornien har i år upplevt sina värsta skogsbränder någonsin. Det område som har brunnit mellan 1984 och 2015 beräknas enligt rapporten var dubbelt så utbrett som det skulle ha varit, utan temperaturförändringar. Kalifornien är redan hårt drabbat men andra områden, främst sydöstra USA, kommer också att drabbas av regelbundna stora skogsbränder.

5. Alaska ser de största förändringarna:
Alaska värms upp snabbare än någon annan delstat i USA. År 2050 beräknas genomsnittstemperaturen ha ökat med mellan 2,2 och 4,4 grader Celsius. Det kommer att leda till bland annat översvämmade kustområden och kosta delstaten mellan 3,3 och 6,7 miljarder dollar under åren 2008 till 2030. Hela samhällen kan behöva evakuera.

6. Havsnivån fortsätter att stiga:
Sedan 1993 har havsnivån höjts med nästan 8 centimeter, enligt rapporten. Men det är ett genomsnitt och vissa områden i USA kommer att drabbas värre.
På östkusten har havsnivån stigit med i snitt tre till fyra gånger så mycket som det globala genomsnittet under åren 1950 till 2009. Översvämningar väntas år 2050 orsaka skador på fastigheter till ett värde av 106 miljarder dollar.

7. Översvämningar inte längre en prognos:
I den senaste rapporten från 2014 så förvarnades att kuststäder kommer att se mer regelbundna översvämningar vid högt vattenstånd. Det är vad som nu pågår. Enligt forskare har städer som Miami och Charleston den senaste tiden drabbats av rekordmånga tillfälliga översvämningar.
"Högt vattenstånd vid flod utgör nu en daglig risk för företag, bostadsområden, infrastruktur, transport och ekosystem i sydöst", heter det bland annat i rapporten.

8. Infrastrukturen är hotad:
Extremväder orsakar redan många och svåra elavbrott. Rapporten uppskattar att nästan 300 elkraftverk i sydöstra USA är i farozonen för orkaner av kategori 5, den starkaste. Vid den amerikanska kusten vid Mexikanska golfen så kommer i framtiden dubbelt så många oljeraffinaderier att översvämmas även vid svagare orkaner. Rapporten uppskattar skadorna på infrastrukturen kommer att kosta upp emot 32 miljarder dollar vid århundradets slut.

9. Klimatet är ett handelshinder också:

Handel är en hjärtefråga för presidenten, men rapportens författare varnar också för att extremväder kommer att påverka kostnaderna för amerikanska företag. Väderrelaterade katastrofer kan orsaka produktionsavbrott. Rapporten nämner som exempel amerikanska Western Digital som tillverkar 60 procent av sina hårddiskar i Thailand. Översvämningar där 2011 ledde till förluster för företaget på 199 miljoner dollar.

10. Jordbruket drabbas hårt:

Alltifrån torka till översvämningar kommer att ställa till problem för amerikanska jordbrukare, förutspår rapporten. Förändringar i klimatet tros leda till att det amerikanska jordbruket år 2050 kommer att ha minskat i omfattning och fallit tillbaka på nivåer som USA inte sett sedan 1980-talet. Eller som det står:

”Ställ in er på utmaningar för boskapens hälsotillstånd, nedgång i skördars omfattning och kvalité och förändringar i samband med extrema händelser både i USA och i utlandet.”

Rapporten har släppts av Vita huset under fredagen, samtidigt som det amerikanska folket är distraherade av Black fridays shoppinghysteri.

Presidenten har många gånger sagt att klimathotet är en bluff. På Twitter har han till exempel skrivit åtskilliga gånger att det är så kallt där han befinner sig att det helt enkelt inte kan vara möjligt att klimathotet är på riktigt, och han har twittrat att han inte tror på att människor kan ligga bakom global uppvärmning.

11. Förödande konsekvenser:
Medeltemperaturen i världen är mycket högre och ökar mycket snabbare än någonsin tidigare i den moderna civilisationens historia. De ökande temperaturerna kan bara förklaras av mänskliga aktiviteter, säger David Easterling från vädermyndigheten NOAA enligt CNN.

12. Fler dödsfall och sjukdomar:
Fler personer kommer också att dö på grund av höga temperaturer, enligt rapporten. Sjukdomar från myggor och fästingar, som till exempel Zika, kommer också att bli mer vanliga med högre temperaturer. Detsamma gäller för astma och olika allergier. Barn, äldre och fattiga kommer att vara extra utsatta för hälsoproblem som är relaterade till klimatet.
Det här är bara några av de effekter som rapporten varnar för.
Runt 1000 personer har samarbetat för att sammanställa rapporten, varav 300 är ledande forskare, 150 av dem kommer utifrån regeringen.

13. Permafrosten tinar:
2018 var det fjärde varmaste året på jorden någonsin, visar nu mätningar från klimatforskningsgruppen Berkeley Earth. Trenden med global uppvärmning fortsätter. Det handlar om observationer som visar att en av de farligaste klimathotsprocesserna ökar takten, när permafrosten i tundran och de områden med ständig tjäle blir allt varmare.

2006 konstaterade forskare att smältande permafrost var en tickande bomb om inte den globala uppvärmningen hejdades.

När marken tinar sätter bakterier igång med att bryta ned infrusna växtrester, och koldioxid och metangas frigörs. I atmosfären fångar metan upp värme 23 gånger mer effektivt än koldioxid, men gasen är mer kortlivad. Den globala uppvärmningen riskerar då att bli ett självspelande piano i form av en kedjereaktion.

Den frusna tundran har länge fungerat som världens frysbox, nu står dörren på glänt.

Om smältprocessen börjar på allvar skulle marken varje år släppa ifrån sig lika mycket växthusgaser som i dag kommer från alla världens bilar, båtar och flygplan, varnade forskare 2007. "Risken finns att vi redan vid två grader kan nå den kritiska punkten", sa då permafrostforskaren Sergej Zimov.

På nio år har temperaturen i permafrosten stigit med i genomsnitt 0,3 grader, enligt en studie publicerad av fyra dussin forskare på Nature communications. Granskningen bygger på mätresultat från 150 borrhål runtom på jorden.

I Alaska har avsmältningen satt igång. Vi är uppe på cirka 1 grads global uppvärmning.

Permafrosten på jorden har blivit allt varmare det senaste årtiondet, enligt en ny studie. Risken har ökat att betydande områden kommer att smälta och bidra till den pågående klimatuppvärmningen.

Det kan handla om att vi inte har någon permafrost kvar på många ställen i slutet av det här århundradet, exempelvis i Sverige, säger Britta Sannel, forskare vid Stockholms universitet och en av deltagarna i studien.

14. En dödsspiral:

Joe Romm på tankesmedjan Thinkprogress skriver:

"Den enda överraskningen är att världen fortsätter att ignorera det största hotet mot mänskligheten, även när det ökar takten, triggar kedjereaktioner och påskyndar en dödsspiral för klimatet."

Läget är akut. Men det är inte dags att gripas av panik, utan att organisera oss. På hemmafronten är åtgärderna för klimatet i 73-punktsprogrammet mycket lovande politik.

Nu måste klimathotet vara en huvudfråga Världspolitiken måste skynda på alla processer mot omställning.

För vi har länge vetat om att det här är på gång.

När planeten trycker på gasen måste vi bromsa.

Permafrosten allt mer hotad

Foto: Edward Schuur

Trump:s klimatspel.

President Donald Trump och hans stab har kommit med 12 uttalanden om klimatet.

Donald Trump har även avfärdat Vita husets egen klimatrapport som släpptes i början av förra månaden med orden: ”Jag tror inte på den”

Nyhetsbyrån AP har gjort en faktagranskning av 8 påståenden om klimatet som lanserats av presidenten själv, eller medlemmar i hans stab:

1. Trump tror inte människan orsakar global uppvärmning.
Jag tror inte på det. Ett av problemen som jag själv och många människor har, vi har väldigt hög intelligens, men vi är inte nödvändigtvis särkilt troende”, sa presidenten till Washington Post.

AP:s fakta
Presidenten antyder att tro är nödvändigt i frågan om klimatförändringar. Vad man ska göra åt det är en debattfråga, men vetenskap, tillskillnad från tro, fungerar oavsett om någon tror på den. Vetenskap är inte ett trosystem.

2. Haven är väldigt små i förhållande till atmosfären.
”Och när du talar om en atmosfär så är haven väldigt små”, sa presidenten till Washington Post.

AP:s fakta
Haven är helt enkelt enorma. Cirka två tredjedelar av jordens yta är vatten.

3. Skogsbränder beror på dålig skötsel.
Branden i Kalifornien, där jag var, om du tittade på marken, marken där branden härjade hade de nedfallna träd, de hade inte skött skogen, inte underhållit skogen och du kan ta en tändsticka som den här och tända eld på en trädhög när det har legat där i mer än 14 eller 15 månader. Och det är ett stort problem i Kalifornien, sa Donald Trump till Washington Post.

AP:s fakta
Lycka till med att tända eld på ett dött träd med en tändsticka. Bristen på skogsskötsel är inte den huvudsakliga orsaken till de värsta Kalifornienbränderna. En allvarlig, årslång torrperiod och stigande temperaturer är problemets kärna.

4. Klimatrapporter är inte baserade på fakta säger Trump:s pressekreterare.
Rapporten är inte baserad på fakta... den är inte driven av data, sa Sanders om Vita husets klimatrapport.

AP:s fakta
Det stämmer inte.

148.

Data, inklusive temperaturobservationer, havsnivåernas höjning och ett antal andra indikatorer, finns genom hela rapporten.

5. Sopor på stränderna kommer från Asien.

Jag menar vi tar bort tusentals ton sopor från våra stränder som kommer från Asien. De flyter bara ner i Stilla havet, det flyter, och vi säger varifrån kommer det här, sa Trump till Washington Post.

AP:s fakta

Att peka ut Asien för USA:s smutsiga Stilla havsstränder är en undanflykt. Strömmarna i havet för med sig visst skräp från Asien, mest under tsunamin 2011, men det är ovanligt.

6. Luft och vatten är rekordrent.

Du tittar på vår luft och vårt vatten och det är just nu rekordrent. Men när du tittar på delar av Asien och Sydamerika, och när du tittar på många andra platser i världen, inklusive Ryssland, inklusive väldigt många andra platser, är luften otroligt smutsig, sa Donald Trump till Washington Post.

AP:s fakta

Han har fel när det gäller rekordren luft. Data från Trumps eget miljöskyddsdepartement visar att under 2017, bland 35 stora amerikanska städer, så fanns 729 fall av 'ohälsosamma dagar med föroreningar av ozon och mikropartiklar'. Det är en ökning med 22 procent från 2014 och det värsta året sedan 2012.

7. USA är bäst på att minska utsläpp.
USA är ledande i världen med att minska koldioxid-utsläpp.

AP:s fakta
Det här är faktiskt sant. Oavsett om man räknar från 2005 eller 2010, har USA skurit ned mer på koldioxid-utsläpp än Europa, medan Kinas och Indiens utsläpp har stigit. Kinas utsläppstakt har minskat och är nära att toppa, säger Glen Peters, chef för internationella klimat-forskningscentret i Norge.

8. Till slut erkänner Donald Trump att människan påverkar klimatet.
Extremt troligt, säger Presidenten, vilket faktiskt också är sant.

9. Atombomba orkaner.

USA har som bekant återkommande problem med orkaner som slår hårt mot landets kustområden. För att lösa problemet föreslog president Donald Trump att sätta in atombomber.

Det var under ett möte om orkaner i Vita huset 2017 som Trump ska ha fört atombombningarna på tal. I samband med att den då nytillträdde presidenten fick information om det potentiellt förödande naturfenomenet ska han ha sagt:
” Jag fattar, jag fattar. Varför kärnvapenbombar vi dem inte?”

Enligt källan ska han därefter ha sagt ungefär:
”De bildas utanför Afrikas kust och när de sedan tar sig vidare över havet släpper vi en bomb i orkanens öga och förstör den. Varför kan vi inte göra det?”

Trump är dock inte den första som vädrar tankar av det här slaget.
Idén om att atombomba orkaner fördes fram redan på 1950-talet av en forskare som arbetade under president Dwight D. Eisenhower och dyker fortfarande upp med jämna mellanrum. Forskarna är dock sedan länge överens om att detta inte vore något vidare klokt tillvägagångssätt.

Den amerikanska forskningsmyndigheten National Oceanic and Atmospheric Administration publicerade 2014 en serie informationsartiklar för att slå hål på myter om tropiska cykloner.

Där skriver man om atombombningar av orkaner:

”Bortsett från det faktum att detta kanske inte ens skulle ändra stormens riktning negligerar detta förhållningssätt dessutom att det radioaktiva avfallet med hjälp av passadvindar snabbt skulle röra sig mot land och orsaka förödande miljöproblem.”

Detta med att hota naturfenomen med bomber är alltså ingen bra idé.

Gillis Skrönika.

Som en gammal pigg tvååring sitter jag här och funderar på vad jag ska bli, när och om jag blir vuxen. En utopisk önskedröm kanske, eftersom jag inte blivit äldre under de senaste 70 åren.
I alla fall så skulle jag vilja bli en pajas om jag någon gång blir stor. Men inte en sån där utklädd fuskpajas som roar på tivoli. Nä, en riktig pajas vill jag allt bli. En töcken där pajas som inte behöver klä ut sig, eller göra sig till.
En riktig pajas är bäst. En farlig pajas oroar alla i stället för att roa andra. En präktig pajas har anlag till att göra paj och pannkaka av precis allting. En skrupelfri pajas ska ha förmågan att förhandla och förvandla världen till ett tullhus. En oberäknelig pajas måste kunna kasta paj med infall som far hit och dit mot allt och alla.

Man måste nog nästan vara lite småtokig från början för att bli en äkta pajas. Lite medfödda pajas-fasoner behövs antagligen även för att bli en riktig pajas. Skogstokiga pajasar växer inte på trän. Och inte bor de i skogen heller. Men de finns säkert i stan, för jag har hört att utvalda pajasar kan bo i vita hus som har ovala rum.

Och så har de kompisar i både nord och syd. Den i nord har roligast för den leker med raketer. Piff och Puff, som samlar på ekollon, säger att det finns en pajas som samlar på isiga öar. Helst gröna ska de va.
Samme pajas var troligen murare till yrket innan, för han kan bygga murar.

Jag tror inte att jag skulle kunna bli en sådan pajas, eftersom jag bor i ett pepparkaksfärgat hus med fyrkantiga väggar och bara samlar på uppstoppade fåglar. Jag får väl försöka att pajsa till mig så gott det går.

Något motto måste jag nog ändå ha. Eftersom Us first redan är upptaget så får det väl bli Bus first, för en riktigt busig pajas blir jag nog.

Som en atombomb.

Klimatkrisen saknar atomenergins explosiva dramaturgi, trots att krafterna är desamma.
NASA-forskaren James Hansen har visat att den nuvarande takten i den globala upphettningen av planeten motsvarar 400.000 Hiro-shima-bomber varje dag.
Det blir fyra bomber per sekund. 365 dagar om året.

Kan vi ta in den existentiella vidden av detta?
Kan vi förstå att denna tysta, doftlösa process har samma potential till död och förödelse som ett fullskaligt atomkrig? När J Robert Oppenheimer efter bombningarna av Hiro-shima och Nagasaki mötte USA:s president Harry S Truman sade han att han kände att han hade ”blod på sin händer”.
Truman avfärdade efter mötet föraktfullt Oppenheimers klagan med att han var en ***”crybaby scientist”*** – liknande hur många av dagens auktoritära ledare viftar bort klimatforskarna som känslostyrda lipsillar.

Ett av J Robert Oppenheimers mest laddade möten före provsprängningen i juli 1945 skedde med den danske Nobelpristagaren Niels Bohr. Bohrs första fråga till Oppenheimer om bomben ska ha varit: ”Är den verkligen stor nog?”. Det vill säga stor nog för att göra alla framtida krig otänkbara. Det Niels Bohr såg var inte bara ett vapen som kunde förinta hela civilisationen, utan också ett som för evigt skulle få slut på alla krig.

Men han såg också en väg mot större internationell öppenhet och ett ökat vetenskapligt utbyte. På var sitt sätt bidrog både Bohr och Oppenheimer till den insikt som fått männskligheten att avhålla sig från att använda kärnvapen och på så sätt åstadkomma sin egen undergång. Kanske är de största vetenskapsmännen inte bara världarnas förstörare – utan också dess skapare.

På samma sätt kräver i dag den hotande klimatkollapsen ett nytt ansvar i relationen mellan vetenskap och politik. Vår tids stora experiment, att skapa evig tillväxt genom att pumpa ut koldioxid i atmosfären, är lika livsfarligt som det som ledde fram till sprängningen av domedagsvapnen. De forskare som har den djupaste förståelsen för den destruktiva potentialen i detta experiment är inte heller i dag några labila ”lipsillar”. Det är dags att inte bara lyssna till dem, utan att börja göra som de säger. Bara genom vetenskapen kommer vi att kunna leva vidare med det som vetenskapen har skapat.

Björn Wiman DN

Världsledarnas klimatsyn.

USA.

President Donald Trump har flera gånger kallat klimatförändringarna för en kinesisk bluff och har även väckt uppmärksamhet för att uttala sig om att vindkraftverk orsakar cancer.
I en klimatrapport som släpptes av Vita huset under hösten 2018 slogs fast att klimatförändringarna redan haft påverkan på USA och att konsekvenserna skulle vara enorma om inget görs för att stoppa utsläppen. Rapporten togs fram av 13 federala myndigheter och 300 ledande klimatforskare, men avfärdades av presidenten.
Jag tror inte på det, sa Trump till journalister efteråt och uppgav att han hade läst delar av rapporten.
Under Trumps tid som president har han även beslutat att USA ska lämna klimatavtalet som slöts i Paris 2015.
Under G 20-mötet i Japan var USA det enda medlemslandet som inte bekräftade sina åtaganden i linje med avtalet.
Donald Trump har därefter svängt lite i frågan. Efter att ha ställt inför fakta angående klimatutvecklingen i Alaska har presidenten uttalat följande: Okej, det är problem med klimatet, men jag tror att det ordnar upp sig.

Ryssland.

President, Vladimir Putin, sa redan 2003 i en kommentar om den globala uppvärmningen:
Kanske en klimatförändring inte är så illa för ett kallt land som vårt. Två, tre grader varmare gör ingen skada, vi behöver inte ta fram pälsen lika ofta, och vi klarar oss med mindre bränsle.
Den ryske presidenten har precis som Donald Trump senare uttryckt sig tveksam till att klimatförändringarna orsakats av människor.

I samband med ett besök i ögruppen Franz Josef Land sa Putin 2017:
Uppvärmningen, den hade redan inletts på 1930-talet. Problemet är inte att stoppa det... för det är omöjligt, eftersom det kan vara kopplat till globala cykler på jorden, sa Putin.
Putin har dock på senare tid talat om att Ryssland tydligt märker av klimatförändringarna, samtidigt som han varnat för nackdelarna med förnyelsebara energislag som vindkraft.
Tänker man på fåglarna i det här fallet?
Hur många fåglar dör när vindkraftverken skakar och får maskarna att komma upp ur marken? Det här är inget skämt, sa han enligt nyhetsbyrån Reuters.
Ryssland har även beslutat att ratificera Parisavtalet och kommer att införa nya lagar i linje med överenskommelsen.

Brasilien.

President Bolsonaro har sedan januari 2019 varit en uttalad klimatskeptiker och har redan förändrat landets inställning till klimatfrågan. Sedan han tillträdde som president har han fått kritik för att ha lättat på regler, som infördes för att skydda världens största regnskog Amazonas. Bolsonaros administration har även beslutat att ställa in en FN-konferens om klimatet, som skulle ha ägt rum i Salvador i augusti och hänvisade till ekonomiska skäl. Redan under presidentvalskampanjen sa Bolsonaro att han skulle följa Donald Trumps exempel och få Brasilien att lämna Parisavtalet, vilket han senare backade ifrån. Ernesto Araujo, som utnämndes till utrikesminister, har sagt att klimatförändringarna är en marxistisk taktik för att vilseleda.

Australien

Scott Morrisson blev ny premiärminister i augusti 2018 efter att dåvarande premiärministern Malcolm Turnbull tvingats bort.
När landet gick till val i maj i år vann Morrison och hans liberalkonservativa koalition över Labors Bill Shorten. Shorten förespråkade en hårdare klimatpolitik, medan Morrison hade visat stöd för kolindustrin.

Morrison har tidigare kritiserats för att Australien beslutat sig för att inte längre bidra till FN:s Gröna Klimatfond, som etablerades för att bekämpa klimatförändringarna.

Climate Home News uppgav i april att budgetdokument då visade att Australien i december hade gjort sin sista inbetalning till fonden.

I slutet av 2018 sa Morrison till radiokanalen 2GB att han inte tänkte dra Australien ur Parisavtalet, trots påtryckningar från konservativa politiker om detta. Han sa dock att man inte tänkte betala mer till fonden:

Jag tänker inte spendera pengar på globala klimatkonferenser och all sådan nonsens, sa Morrison.

Röster från andra sidan.

Energiexperten Elsa Widding tycker att Parisavtalet är världens dyraste avtal, och inte har några speciella positiva verkningar. Trots detta anser hon att FN:s klimatpanel IPCC tar fram en hel del relevant information. Men att det är problematiskt att forskningen resulterar i ett politiskt dokument för beslutsfattare som helt styrs av politiska mål. Hon menar att IPCC inte talar om klimatkatastrofer eller extremväder i sina scenarior. Men att sådana termer kommer upp i sammanfattningen.

Elsa tycker inte att de klimatmodeller som används har validerats, d.v.s. de har inte bevisat sig fungera. En viktig orsak är då att de förutsätter att det ska finnas en ”förstärkningseffekt” som inte alls har kunnat visas. Elsa anser också att journalisterna inte gör sitt jobb. De verkar inte ens läsa rapporterna. Den långsiktiga trenden baserat på iskärnor visar att temperaturen de senaste tusentals åren är fallande. Den temperaturökning vi nu ser är en återhämtning efter den ”lilla istiden” som inträffade för några tusen år sedan och har inget med koldioxid att göra. Elsa tycker att det har gått så långt att frågan inte ens tål att debatteras i normal mening. Alltför många har investerat mycket prestige och enorma summor pengar i uppfattningen att våra utsläpp av koldioxid är förödande för klimatet.

Beslutsamheten att hålla klimatskräcken vid liv är också stark, någonting annat vill etablissemanget inte höra talas om.

Därför används ord som klimatförnekare vid varje invändning där de alarmistiska slutsatserna inte håller måttet eller där analysen är direkt felaktig. Det spelar inte längre någon roll om de som framför kritiken är professorer inom fysikalisk kemi, astrofysik eller liknande.

En agronoms, klimatpsykologs, eller socionoms uttalanden väger tyngre så länge han eller hon predikar den rätta läran. Våra politiker har bestämt sig för att det som kommer från FN:s klimatpanel IPCC inte på något sätt behöver ifrågasättas. Elsa har nu skrivit boken Klimatkarusellen. Med den vill hon lyfta ett antal vetenskapliga frågeställningar som hon tror att många saknar grundläggande information kring. I boken vill hon tillsammans med fyra andra förtydliga de områden som hon tror att den breda allmänheten inte sällan har fått om bakfoten. Elsa anser det är inte minst viktigt med grundläggande information kring just dessa frågor innan man kallar dem som vågar ifrågasätta "koldioxidhypotesen" för klimatförnekare.

Professor Lars Bern anser att det inte finns något samband mellan förhöjd koldioxidhalt och eventuella klimatförändringar. Allt dylikt är bara en konspiration.

Oavsett orsakerna till 1900-talets uppvärmning finns ingen anledning till oro.

De anonyma skribenterna framför i den "oberoende Pettersson-bloggen" att de etablerade mediernas prat om en enig forskarvärld är en bluff som mycket annat.

När argumenten tryter i denna blogg så övergår man i rena personangrepp, vilket inte kan uppfattas på annat sätt än trist.

Gillis Krönika.

Reformer har blivit det nya modeordet. Under en hel höst har det betonats vikten av reformer i alla dess former. Vi tittare har fått bevittna en märklig bedrift när man politiskt och medialt lyckades med konststycket att helt kringgå att nämna reformer för världens största utmaning. Positionering, liberalitet, ministerlystnad, rädslan från höger och vänster vägde tydligen tyngre. Reformer för att rika ska kunna bli rikare, trotjänare ska kunna sparkas och fler gräddfiler i sjukvården var viktigare.

Nu hamnade alla partier ändå så till att de som spelade med klimatreformer i bakfickan fick ingå i landslaget. Delar av de utan egna reformer fick bilda reservlag.
I ärlighetens namn ska ändå framhållas att alla i reservlaget tryckte på gröna knappen för riksdagsbeslutet att nå Parismålet. Alla utom Svarte Petter-partiet då, som inte får vara med i något lag alls, men förmodligen så hade de tryckt grönt de också. Från väggarna ekar i alla fall ryktet i korridorerna där det nu ska vara tillåtet att prata både till höger och vänster för delegaterna från det tidigare krisparti som nu blivit till ett större kristparti.

Tänk vad en liten bokstav kan göra skillnad när man är i missnöjd opposition. För de som tvingas visa reform-korten brukar dessvärre tidigare uppgångar ofta Ebba ut. Nu har i alla fall det kristna sällskapet lyckats lägga rabarber på många Svarte-Petter kort, vilka kan bli svåra att bli av med i en framtida kristen värdering.

Nu kan ju inte reformer likställas med floskler i ett partiprogram av typ: ”Vår tids största utmaning” eller ”Har medverkat till riksdagens beslut” eller ”Krävande samhällsomställning för att kraftigt reducera vår klimat-påverkan“

Ånä, bättre upp får det allt vara. Reformer ska innehålla verkstadsåtgärder och inte bara önsketänkande. Snacket går vidare i riksdagens korridorer. Klart att det spelar roll vilken verkstad man anlitar.

Jaha, joho. Fossil förbränning måste reduceras till noll-vision. Kol och naturgasanvändningen är inte stor.
Oljan desto större. Fasa ut är tanken.
Mot vad då? Elbilar finns inte åt alla än och vad ska flyg-planet ha i tanken?

Jojo, det är så dags att börja fundera på detta nu så här fem i tolv, tycker säkert de som tjatat om detta i årtion-den. Svaret, som blivit standard i en mångårig slogan är att det väntas på ny teknik. Vilket för utlandssvenskar i Spanien betyder att man inte behöver göra något just i dag. Kanske i morgon. Mañana.

Teknik är på gång, vilket inte är detsamma som på väg. Reformförslag finns och kan inte vänta. För vägfordon och flyget så ligger de på bordet och går ut på att med ekonomiska incitament i ett första steg fasa ut den oljeanvändning som inte är livsavgörande.

Med andra ord att göra oljan så pass dyr att den inte används annat än till nyttotrafik på land och i luften.

För att sedan klämma vidare på tumskruvarna så att få i slutänden har ett kontokort som förmår svälja mackens eller gatens nota. Ny teknik eller inte. Huvuddelen av den fossila energin skall vara utfasad om 30 år, det har både landslaget och reservlaget beslutat.

Sverige har det förspänt jämförbart med många andra länder. Kan inte vi kan ingen, säger Professor Rockström.

Då så, då var det bara att köra igång. Men miljöministern har varit förutseende och redan drämt till med soppaskatt i 30 års takt framöver.
Landsbygden opponerar sig. Det går inte. Vi har så långt till allt. Dom i städerna ska beskattas hårdare och vi på landet inte alls. Men landsbygden får tråkigt nog inget gehör för sin åsikt. Till råga på allt hävdar klimatpolitiska rådet plötsligt att utfasningen nu behöver göras på bara 10 år beroende på för sen ankomst med klimatreformerna. Då opponerar sig inte bara landsbygden utan även staden. Detta går inte. Vansinnigt förslag. Man kan nästan ana traktorerna brumma in mot Stockholm.

Den som vill kränga gula västar vid stadens tullar kan nog göra sig en hacka.

För utfasning av flyget har tumskruven lagts som skatt per resa, då det är knepigt att skattebelägga internationellt drivmedel.

Men flygskatten tas med en budgetfiness bort av reservlaget under motiveringen att den inte har tillräcklig effekt. Då borde det rimligen finnas en ersättning i budgeten med ett effektivare alternativ. Men se det glömde reservlaget av taktiska skäl bort att notera i sin nya budget, så nu tvingas landslaget checka in resenärerna i flygskatten på nytt.

Känns bekant på något sätt. Från förr i tiden.
Vad kul vi hade i sandlådan.

Metangas från havsbotten.

Metangas läcker ut från Arktiska Oceanen norr om Sibirien på ett mer omfattande sätt än man hittills trott, och det är oroande nyheter för klimatet. Det skyddande lock som permafrosten utgjort verkar ha tinat och nu flödar metanet upp i atmosfären.

Det riktiga genombrottet är att det släpps loss metan från ett enormt område i kusthaven uppe i Arktis, där man tidigare inte trodde att det släpptes loss, säger professor Örjan Gustafsson vid Stockholms universitet.

Forskarna talar om veritabla metanskorstenar på havsbotten. 8 miljoner ton metan per år läcker ut från de Östsibiriska grundhaven. De siffrorna presenterar Örjan Gustafsson tillsammans med ledande ryska arktisforskare i den vetenskapliga tidskriften Science.

Metan är ca 10 gånger så kraftfull växthusgas som koldioxid, och därför har den betydelse för den globala uppvärmningen.

Mellan 2003 och 2008 har forskarna gjort årliga expeditioner till kontinentalsockeln utanför Sibirien, och efter mer än 5 000 mätningar bekräftas det man befarat. Delar av det metan som ligger infruset i havsbotten har börjat pysa upp i luften.

Tidigare har enstaka mätningar tytt på det, men nu har man för första gången ordentliga fakta på bordet, säger professor Martin Heimann, som är chef för ett tyskt forskningsinstitut som specialiserat sig på klimatgaser.

Det har spekulerats länge att den arktiska permafrosten kan läcka gaser, och det man nu visar är höga nivåer i atmosfären och också i ytvattnet, och det är helt klart anmärkningsvärt.

Resultaten är anmärkningsvärda säger Martin Heimann, men betonar samtidigt att mängden metan som läcker ut från Arktis än så länge totalt sett är mycket liten. Metanläckorna påverkar inte heller klimatet i någon större utsträckning ännu. Orosmolnet är att lagren av metan i permafrosten är enorma, och om utsläppen ökar när temperaturen stiger kan det leda till en mycket kraftig uppvärmning av klimatet.

Om bara en procent av det samlade metanet i Arktis kommer ut i luften kan det få förödande konsekvenser enligt klimatmodeller, säger Örjan Gustafsson på Stockholms universitet.

De utsläpp som sker nu påverkar inte klimatet nämnvärt, men det finns en rejäl potential för det och vi har påvisat att processen är igång.

Gillis Krönika.

Det rör på sig i kistan, sa metaren efter att en daggmask letat sig in hans gelégodispåse. Det rör på sig i sanden också. Upp kommer huvuden med både grusade förhoppningar och ögon. Som tur är har självbedrägeriet nu börjat blandas ut likt bensin med etanol. Snart är tankarna fulla av insikt. Minst en miljon fler svenskar har lämnat denna strutsens huvudboning. I alla fall om man får tro på Demoskopets undersökning. Till skillnad från för tio år sedan så gömmer sig nu bara 6% av svenskarna undan från vetenskapens larm. Andra mätningar visar så låga värden som 2-3%. Klimatförnekelsen börjar bli en raritet. Förmodligen snart så sällsynt att den kommer att rödlistas av naturvårdsverket. Med det menas att den blir en del av den hotade biologiska mångfalden.

Inte dåligt det, att så många nu klarat av att ta klivet upp till första nivån på livets stege. Till den pinne där man precis likt vetenskapen inser att klimatet är i skapligt olag. Ändå så värjer man sig lite med att tro att det nog ändå inte blir så farligt. Katastrofscenarierna måste ju vara överdrivna. För det kan man läsa på nätet. Ingen fara på taket säger Klimatbluffen. Koldioxid är bara nyttigt. Ju mer desto grönare blir det i naturen.

Hoppet står den lede bi. Panelen i "smartare än en femteklassare" skulle säkert undra om Klimatbluffen verkligen är så smart ändå. Kväve och vatten måste till, i lika proportioner för att växt ska bli stor. Tilläggsgödsla och bevattna naturen är knappast görbart. Undrar, sa flundran om inte den största lurifaxen ändå är Klimatbluffen själv.

För lurad klimatskeptiker vill man i alla fall inte vara längre. Inte nu då den vetenskapliga samsynen ränt upp till så förkrossande nivåer som 97%. En riskanalys skulle säkert visa att sannolikheten nu är överhängande att bli kallad vetenskapsförnekare, och det vill ingen. Nu är det ju så att den som tror inte vet. Precis som en viss president gör. Som dock inte längre vill ingå i förnekargänget.
Okej, säger presidenten, det är problem med klimatet, men jag tror att det kommer att ordna till sig. Motsatsen till vetenskap, där inget tros alls, inte ens i världens ände uti staden Trosa. Belägg läggs på bordet för det man anser sig veta. Med andra ord för att citera en känd devis:
Bättre veta än tro.

Nästa anhalt på stegen är att bli teknikförlitare.
Vi löser problemet med ny teknik så klart.
En teknik som till viss del faktiskt finns och är fullt brukbar. Kreativt framtänkt av serieankan Uppfinnar-Jocke och alla hans vänner. Nu är det ibland dessvärre långt mellan laboratorium i form och storindustriell skala.
Man frågar sig om det över huvudtaget är möjligt att bygga dessa miljontals jättedammsugare världen över som krävs för att suga ut koldioxiden ur atmosfären.

Fan tror inte det, och det tror inte heller teknikvetaren som anser att det för gemene man finns en naiv övertro på vissa tekniklösningar. Bland gemene kvinna är det bättre ställt då detta kön av någon outgrundlig anledning oftare är mer förtrogna med just dammsugarteknik.

Nästa stegpinne hägrar. Väl där har man kommit upp på tårna. Visserligen anses på denna nivå att vi ligger bra till i Sverige. I framkant faktiskt, men vi ska göra mer. Eller rättare sagt de politiker som inte redan tar problemet på allvar ska skärpa sig och se till att få igång reformer illa kvickt. Många på detta pinnsteg anser att problemet snarare är ett hot, rent av en ödesfråga, och att lösningen även måste innehålla såväl ett förändrat livsbeteende som en reducering av den tillväxtindustri som genererar överförbrukning av naturens resurser.

Människorna shoppar ihjäl oss skriker naturens biotoper i sitt ekosystem. Nissen från sammanfattningsavdelningen tycker ändå att ett stort kliv är taget sen sist. Alltså då förnekelsen var mer allmänt utbredd. Men avstånden mellan pinnarna på stegen är höga. Ännu har alltför många inte orkat ta sig ända upp till stegens topp.
Först där blåser de sista sandkornen av egoistisk blindo ur ögonen och man kan skarpsynt likt en havsörn blicka ut över hela vår planet där snus är snus och strunt är strunt. Välkommen i klubben säger vän av natur och pekar ut bland mångfalden där en gås anses dum,
en bock är blind, medan ugglan blinkar klokt.
Om detta tvistar ej heller de lärde.

Klimatmotsättningar.

Om vi för ett ögonblick skjuter begrepp som klimatförnekelse, klimatskeptiker, och domedagsprofetior åt sidan och i stället tittar på de motsättningar som finns beträffande klimatförändringens möjliga ursprung och utveckling. I debatter på sociala medier utkristalliserar sig två läger.

I det ena lägret står IPCC-anhängarna som anser att det i dag finns en hög vetenskaplig konsensus i klimatfrågan. Bevisligen är det så att uppskattningsvis 97 procent av klimatforskarna är ense om att klimatet förändras på grund av mänsklig påverkan och därmed att halten av koldioxid i atmosfären påverkar.

Det spekuleras också i att majoriteten av motbevisen inte grundar sig på vetenskapliga källor. Samt att det medvetet skapas felaktiga motbevis till klimatforskningen, med syfte att väcka osäkerhet och tvivel hos allmänheten. Den taktiken är förvisso inte ny, utan har använts bland annat inom tobaksindustrin. Nu skulle det i så fall gälla för olje-industrin. Men det är ju som sagt bara en hypotes. Tveksam dessutom, eftersom flertalet av de som deltar i debatten på ”den motsatta sidan” knappast har några intressen i oljebranschen annat än prismässigt då det ska till att tankas på macken eller bränsletillägg vid flygresor.

Men varifrån kommer den motsatta synen i det andra lägret?
Jo, dels måste nog avskärmningsteorin nämnas.
Den teori som bygger på att en information är så usel att den bara inte kan vara sann.

Att vetenskapen oftast har rätt måste man då bortse ifrån. Räcker inte detta så gäller det att hitta vetenskapliga alternativ, i alla fall så pass hyfsade alternativ att de av allmänheten kan uppfattas som så att man vet rätt skapligt.
Den kosmiska strålningen ihop med låga molnet teorin är tveklöst ett hyfsat alternativ som framförs då och då med några års mellanrum. En annan motsyn är att påstå att IPCC helt enkelt har använt fel beräkningsmetod för koldioxidens effekt på klimatet. Den tidigare konspirationsteorin, vilken grundar sig på att de ca tusen forskare som levererat underlag till IPCC helt enkelt är korrupta, den teorin tycks ha övergetts som motsyn p.g.a. överutnyttjan. D.v.s. teorin har använts så mycket att allmänheten börjat anse att själva teorin i sig är konspirerad av konspiratörerna.

Hur det än förhåller sig i klimatfrågan så upplever ”motsättarna” att de inte tas på allvar. Hur många forskare, lektorer och docenter de än refererar till så tycker ”motsättarna” att deras åsikter och rön inte på långa vägar får tillräcklig uppmärksamhet. Varken på TV-nyheterna eller i övrig media. Motsättargruppen har t.o.m. beklagat sig över att inte ens allmänheten tar till sig deras åsikter.

Förklaringen till det sistnämnda kan mycket väl ligga i språket. Eller språkbruket om man så vill. Efter att under lång tid studerat debatten på sociala medier (Internet) där de flesta inspireras, så kan man inte annat än bli besviken på just språkbruket. Forskare, lektorer och docenter, uttrycker sig sällan ohövligt. Den kategorin har en saklig och seriös attityd i debatten och ger sig heller sällan i kast med personangrepp. Men för varje publicerad artikel eller inlägg om alternativ till IPCC-rapporten så kommer en svans in med verbala ohövligheter. Den långa svansen spyr galla och okvädningsord över allt och alla som kan tänkas representera motsättarnas motsatsläger, d.v.s. de som köpt IPCC:s förkunnelse om klimatet.

Svansen häver ur sig både det ena och andra av idiotiska tillmälen. Även mot människor som inte ens deltar i den debatt man kommenterar. Det är väl klart som korvspad att om man tillämpar ett sådant här miserabelt språkbruk i varje debatt så får det konsekvenser. De seriösa debattörerna från båda lägren fullkomligt drunknar i svansens dravel. De som är åskådare och vill ta del av åsikter kring nya rön orkar inte ens läsa sidan ut. Man storknar till slut i svärmen av påhopp. Man börjar må illa av all galla som spys ut. Det blir till slut som att stå i ett moln av eder från svavelsyra.

Det är då mycket lätt att drabbas av insikten om att är det på detta vis det går till i det ena lägret så håller man sig nog till det andra. Svansen smetar inte bara ner debatten. Okvädet går ut över artikeln eller inlägget i sig som då inte upplevs trovärdigare än de verbalt ohövliga debattörerna.

Man lämnar helt enkelt det motsatta lägret åt sitt öde och lyssnar hellre på förespråkarna för IPCC som inte ägnar sig åt svansens klimatgalla. Där är förespråkarnas fans överlag betydligt mer sansade med ordvalen. Ett nyhetsankare på Tv rapporterar precis som journalister på en tidning med väl valda ord, d.v.s. de vackra orden.

Kan inte ”motsättarna” skaka av sig den verbalt ohövliga svans man har i hasorna så lär man inte få sin röst hörd. Och det är synnerligen tråkigt om man inte lyckas med det. Rent av skapligt farligt eftersom vetenskap ska ifrågasättas. Som det är nu orkar ingen ta del av det motsatta lägrets åsikter, inte ens forskarna själva. Enstaka politiker gör det men absolut inte FN.

Vad göra då?
Ja, en metod är att administratörerna slänger ut inlägg och konton med dåligt språkbruk.
Går inte det i den allmänna debatten finns möjligheten att bilda klimatklubbar baserade på hövlighet precis som IPCC-anhängarna har gjort. Visserligen är ordet fritt, men för den skull behöver fraserna inte vara miserabla.
Någon jävla ordning får det ändå vara på munlädret kan man tycka.

Klimatförnekelse.

Forskaren Kirsti Jylhä förklarar psykologin bakom klimatförnekelsen.

Att vi människor lever våra liv på ett sätt som orsakar förändringar i jordens klimatsystem är någonting som ständigt förmedlas via medierna och i andra sammanhang. Likaså att dessa förändringar kan medföra svåra konsekvenser för livet på jorden om vi inte tar tag i problemet.
Men det är inte bara det vi får höra, utan det finns andra budskap också. Om att klimatet inte håller på att ändras på grund av oss, och att om det ändå gör det så kommer inte konsekvenserna vara på något sätt allvarliga.
Därför är det inte överraskande att många är osäkra på vad som egentligen gäller.
Ska man tro på att klimatet förändras på grund av människan eller inte? Med denna osäkerhet tillkommer det även andra typer av frågor: Ska vi verkligen förändra vår livsstil och samhällsstruktur för att mildra klimatförändringarna, om vi inte ens vet om de är ett faktum?
I dag finns det hög vetenskaplig konsensus i klimatfrågan. Uppskattningsvis 97 procent av klimatforskarna är ense om att klimatet förändras på grund av mänsklig påverkan. Men varifrån kommer den motsatta synen?

Analyser har visat på att majoriteten av motbevisen inte grundar sig på vetenskapliga källor, utan att det medvetet skapas felaktiga motbevis till klimatforskningen, med syfte att väcka osäkerhet och tvivel hos allmänheten.

Den taktiken är inte ny, utan har använts bland annat inom tobaksindustrin. På 1960-talet upptäckte man att om man lyckas skapa tvivel kring forskningsresultat om rökningens hälsoeffekter, så kommer allmänheten inte att lita på resultaten och med högre sannolikhet fortsätta att röka. Liknande strategier har använts i klimatfrågan, där till exempel vissa oljebolag har stöttat och finansierat så kallade förnekelsemaskiner som sprider felaktig information.

De flesta av oss är inte klimatforskare, och därför kan vi inte generellt förväntas kunna avgöra vilka utsagor som bygger på pålitliga vetenskapliga bevis och vilka som är fabricerade. Och om allmänheten ges bild av att det råder stor oenighet i klimatfrågan bland forskare, tas beslutet om vilka man ska lita på utifrån andra grunder än de vetenskapliga. Från en psykologisk synvinkel är det en viktig fråga vilka faktorer som påverkar viljan att lyssna på eller motstå varningarna om klimatförändringar.

Generellt kan man säga att vetenskapsförnekelse inte är en fråga om irrationalitet eller om motstånd mot vetenskapliga fynd i sig. Det kan i vissa fall vara mycket rationellt att avvisa olika forskningsresultat. Om en utsaga hotar ens världsbild vore det ur psykologiskt perspektiv underligt att bara acceptera det. Det är viktigt för oss att kunna upprätthålla stabila världsbilder, och det är orealistiskt – och ofta inte önskvärt – att dessa lätt skulle kunna ändras.

Vidare är det vanligt att argument emot icke-önskvärda forskningsresultat tar upp just motsatta vetenskapliga fynd.

En framgångsfaktor för förnekelsemaskinerna är att de fabricerar information som ser ut att vara vetenskapligt grundad. Således hänvisar båda sidor till vetenskap.

I linje med det brukar de som avvisar klimatforskningens resultat föredra ordet skeptiker och ogilla ordet förnekare. Skepticism innebär en tvivlande attityd gentemot påståenden om att de inte grundar sig på objektiva bevis. Med tanke på hur stor cirkulationen av information som ser ut att vara vetenskaplig är, så är det tydligt att en del av dem som är kritiska mot klimatforskningen är skeptiker snarare än förnekare. Men eftersom det finns många som medvetet sprider lögner, och många som är motiverade att tro på dessa lögner, kan man påstå att förnekelse beskriver fenomenet bättre än ordet skepticism.

Så vad är det då som förklarar vetenskapsförnekelse?

För att svara på den frågan behöver man identifiera de psykologiska motiv som ett specifikt vetenskapligt fynd hotar. Förnekelse av klimatförändringar kan till exempel bero på olika emotionella orsaker. Klimatförändringarna kan upplevas som ett existentiellt hot mot livet på jorden och kan även skapa skam- och skuldkänslor. Ångesten det medför kan ibland hanteras genom förnekelse eller undvikande. Men det är också av stor vikt att inse att de föreslagna klimatåtgärderna hotar vårt status quo.

Om man medger att vi människor har orsakat klimatförändringar så behöver man även erkänna att framgångsrika klimatåtgärder inte är möjliga utan att vi ändrar vår nuvarande livsstil. Det kan vara svårt för en individ som önskar behålla status quo.

Det är vanligare hos politiskt konservativa att önska skydda status quo, om man jämför med dem som är politiskt liberala eller står till vänster. I dag finns det mycket forskning från olika länder som har kopplat klimatförändringsförnekelse till just konservativ politisk orientering. För det första har analyser visat på att en stor del av den klimatskeptiska litteraturen har publicerats i samarbete med konservativa tankesmedjor. För det andra är det mer vanligt hos politiskt konservativa individer att motstå information om klimatförändringar.

Ideologiskt motiverat motstånd för vetenskapliga fynd bygger på ett psykologiskt fenomen som kallas för motiverat resonemang. Det innebär att vi har en omedveten tendens att processa information på ett sätt som tillåter oss att komma fram till en i förväg önskad slutsats. Vi söker efter sådan information som bekräftar våra tidigare uppfattningar, och när vi utsätts för information som utmanar våra uppfattningar så brukar vi vara kritiska och kan försöka förklara bort den på olika sätt. Inte sällan kommer vi fram till en slutsats att de som levererar den oönskade informationen är icke-rationella, känslostyrda och eventuellt offer för socialt tryck eller konspirationer – till skillnad från oss själva, som dragit objektiva slutsatser på rationella grunder. Att vänner, släktingar och dem vi möter i våra filterbubblor på nätet ofta delar våra uppfattningar kan ytterligare förstärka sådana slutsatser.

Dessutom är åsikter och ideologier en viktig grund för att bestämma vilka vi gillar och litar på I psykologiska termer vilka vi räknar till vår ingrupp (”vi”) eller utgrupp (”dom”).

Åsikter är betydelsefulla signaler för social identitet och grupptillhörighet. I linje med det har forskning visat att en orsak till ideologisk polarisering i klimatdebatten är att frågan hotar den konservativa politiska identiteten. Att klimatförändringar oftare har lyfts upp av liberaler och vänstergrupper gör att diskussionen om problemet har fått ideologiserade betydelser.

För att förstå varför klimatförändringar har blivit en politisk fråga behöver man fundera ytterligare på de psykologiska faktorerna. Polariseringen kan som sagt delvis bero på att politiskt konservativa individer är mer benägna att försvara status quo. Men det kan finnas andra orsaker också. I vår forskning har jag och mina kolleger testat om kopplingen kan bero på en annan psykologisk tendens som är vanligare hos konservativa individer: acceptans av sociala ojämlikheter och maktstrukturer. Man kan nämligen fråga sig hur människor kan bortse från varningar om allvarliga klimatförändringar bara utifrån motivationen att vilja fortsätta leva som hittills. En förklaring kan vara att många inte tror att de kommer att påverkas av klimatförändringar över huvud taget, utan tänker att de som drabbas ligger psykologiskt och geografiskt långt bort.

Speciellt för medborgare i rika länder kan den uppfattningen till viss del stämma. Även om klimatförändringar kan förväntas påverka alla på jorden på något sätt, är det främst fattiga och kommande generationer som förväntas möta de svåraste konsekvenserna.

Med tanke på att den rika livstilen primärt har orsakat klimatförändringen, är det de som är minst skyldiga till problemet som drabbas hårdast. Därför kan man även förvänta sig att acceptans av ojämlikheter och hierarkiska maktstrukturer också hänger ihop med klimatförändringsförnekelse. Det kan alltså vara lättare att fortsätta kräva mer bevis för klimatförändringar om man inte ser sociala orättvisor som ett problem.

I sex olika studier har vi testat om synen på social ojämlikhet – enligt en skala för social dominansorientering – hänger ihop med klimatförändringsförnekelse, och om det kan förklara sambandet mellan till exempel politisk orientering och förnekelse. Resultat har, i linje med forskning från andra forskare i olika länder, visat på att acceptans av gruppbaserade sociala hierarkier och dominans korrelerar med tendensen att förneka olika aspekter av klimatfrågan.

Vidare har våra resultat visat på att då effekten av social dominansorientering statistiskt kontrolleras, så blir kopplingen mellan politisk orientering och klimatförnekelse mycket svagare eller försvinner helt. Samma gäller för kopplingen mellan försvarandet av status quo och förnekelse. Det innebär att även om förnekande av klimatförändringar till viss del kan baseras på önskan att upprätthålla nuvarande livsstilar, så förklarar inte det i sig förnekelse, om inte individen även accepterar hierarkiska maktstrukturer. Det krävs alltså både och.

Så vad kan man göra med dessa resultat? De kan med fördel användas för att komma fram till hur man kan diskutera klimatfrågan så att den kan accepteras av individer med olika typer av världsbild. De attityder som social dominansorientering mäter brukar vara vanligare hos individer som visar lägre empati, högre dominans och/eller tillhör grupper som har högre status i samhället. Social dominansorientering hänger även ihop med en bild av att världen präglas av ständig tävling, ett slags nollsummespel, där det är naturligt och önskvärt att hierarkier uppstår. Utifrån detta perspektiv kan man inse att individer som ligger högt i social dominansorientering troligtvis inte lockas av diskussioner om orättvisor i klimatfrågan. De är då inte heller motiverade att ge upp bekvämligheter för att ta hand om dem som förväntas drabbas hårdast av klimatförändringar.

Kirsti Jylhä är lektor i psykologi vid Södertörns högskola.

Gillis Krönika.

Tack Klimatbluffen, du är vår absoluta favorit.
En eloge från oss som i salig dyrkan har knäppt våra händers fingrar över dina fantasifulla inlägg och obelagda artiklar under de år som passerat. Tack för att du ifrågasatt det till synes självklara som ingen annan än de som har vetskap tror sig ha den blekaste aning om.

Tack för att du gjort det möjliga omöjligt att förstå och källgranska.

Tack för att du, helt på egen hand, utan fuskhjälp från vetenskap, klurat ut hur det egentligen förhåller sig i ditt ämne. Ett ämne där andra bara ansåg sig veta men inte tänkt sig tro på det du redan visste. Du har varit en sann troende, min kära Klimatbluffare. Du som kom till insikt om att man inte nödvändigtvis behöver veta allt.
Att det räckte mer än väl att bara beskåda det uppenbara i naturen som doldes bakom överkonsumtionens blanka spegelyta.

Tack för att du lyckades se det ingen annan varit naiv nog att se. Genom att spela huvudrollen i barnboken om ”kejsarens nya kläder” har du överglänst oss alla.

Till och med H.C. Andersen vänder sig mäkta imponerad i sin kista. Aldrig har så många trott på så mycket om så lite av ingenting.

Ett särskilt tack från de som i egoistisk blindo är så förtvivlat oförändringsbara.

Tack för en kort stund av andrum och respit till alla de som önskat få leva vidare som man lär i stället för att tvingas övergå till en hållbarhet som bär, både här och där.

Tack, Klimatbluffen för att du genomskådat den extrema minoritet vars politiska makt bygger på stöd från olje- kol- och fossilgasbolag. Dessa naturens anti-gentlemän, som kommer att kämpa till sista droppen olja för sina profiter, oavsett vad det får för konsekvenser för planeten Tellus.

Tack å de besuttnas vägnar för att du mycket riktigt påpekat att det inte är på grund av elakhet - utan att de, som alla andra företagare, bara vill få en profit.
Din ande är som en räddande ängel för patronerna kamp mot proletariatets bluffinsikt.
Ingen är längre så ”Trumpen” att ditt veto ifrågasätts.
Du kommer ända in i evigheten att vara deras egen skyddsängel.

Tack Klimatbluffen från alla ofrivilliga donatorer. Rikligt belönad har du med åren blivit. Av de miljontals som delat vidare dina artiklar. Fullsmetade av kring-reklam visserligen, men ack så prisvärt goda om man kan svälja innehållet.

En ansenlig dusör har det blivit, som klimatanpassats till att översvämma din börs så till den milda grad att den svällt till extrem globform oavsett väder och vind. Miljonerna du tjänat i din bejublade verksamhet är dig väl unt, oavsett vad framtidens facit kan tänkas döma dig till i ett mål av bedrägeri.

Min klient är oskyldig säger försvarsadvokaten. Ingen är lurad, ingen har glömt. Alla medel är väl tillåtna i det fria ordets forum.

Tack Klimatbluffen för att du lyckades med konststycket att få rika länders nationalister att ”stoppa huvudet i snön”. Där är det i varje fall svalare än i Indien. För dig är brunt är inte bara en färg. Det är också en åsikt om människors olika värde.

Mången tack kommer även från de svettiga i fattigt land där din lära mynnat ut i allmän simundervisning inför de översvämningar du inte bluffat om i missväxtens tidevarv.

Tack Klimatbluffen, du är innerligt sörjd och saknad av oss som lusläst dina artiklar. Vi som på detta vis blev vaccinerade mot depression och nedstämdhet. Aldrig tidigare har vi haft så roligt och skrattat så gott åt dina friserade klurigt trovärdiga farsartade vinkelfalsarier. Din fantasi och påhittighet saknar motstycke.

Vi tackar och bugar för underhållningen.
Du skulle bara veta hur många gånger vi har blivit förbluffade av dina illusioner. Likt en magiker med övernaturliga krafter har du varit vår förtrogne förtrollande "klippa" i akademins litterära sagovärld.
Till och med Ljugar-Olles fantastiska kåserier från 60-talet hamnar i lä i en ren jämförelse med dina utspel.

Den som mäktat ställa upp med dina surt förvärvade kunskaper i Tv-programmet "smartare än en femteklassare" hade ändå kunnat bli räddad tre gånger om alla fusk utnyttjades.

Denna unga panel är nog dessvärre inte mottaglig för din humor. Ty den "klimatgubben" går inte hem i de lärdes pedagogik, där ingen ens skolkat en fredag.

Tack, Klimatbluffen, vem du än är och vad du än varit.
Du kommer för alltid att vara en ängel på mitt orosmoln.
Vila i frid skriver jag på kortet. Men blommor skickar jag inga. Varken vissna eller dränkta. Till ditt minne lovar jag förbluffande nog att varje år så en brun tramsviol på din grav.

Ny vetenskaplig studie slår enligt forskarna spiken i kistan för klimatskeptikerna. Just därför förärar jag dig ett paket ankarspik till din begravningsakt.
Töcken där spik som inte går att dra ut.

Tack för allt, Klimatbluffen, jag är övertygad, nästintill skapligt vetande om att många av de bruna Svarte-Petter-beundrare du haft på nätet kommer att följa dig till sista vilan.

Må din avsomnade närvaro uppslukas i vida svingar av närmast sörjande när de slår i varsin
ankarspik i ditt kistlock. En gudomlig borgen för att du får den lugn och ro på orosmolnets tapp du så ypperligt förtjänar.

En sista hälsning kommer från en trogen läsare.
Tack för senast Klimatbluffen, innan klockorna klämtar.
Du kommer att gå till historien, precis som Greta.

Tron kan förflytta berg.

Ett gammalt talesätt som slagit rot i en miljonär.
Han som vill försöka flytta ett isberg från Antarktis till Förenade Arabemiraten. Ett isberg så stort att det kan ge landet dricksvatten under ett helt år. Tio spänn per liter beräknas det kosta den som dricker. I alla fall billigare än flaskvattnet på Arlanda. Säkert väl tempererat och avkylt också. Men först ska ett företag i Dubai bogsera ett isberg från Sydafrika till Dubai.
Beräknad framkomst blir ett år efter avfärd.
Undrar om det senare projektet ska bekostas med oljepengar. Mycket oljebränsle måste det gå åt i alla fall. Bogserbåtar har ju inga miljömotorer precis.

Jojo. Mycket ska man få höra innan öronen trillar av.
Om tron kan förflytta berg så kan nog envisheten förflytta isberg också.
Undrar bara vad klokheten förmår flytta på.

Framtidens drivmedel.

Allehanda petroliumprodukter som idag används som drivmedel och som raffineras från oljan ska ersättas. Bensin, diesel, varnolen och reabränsle ska fasas ut.

Men det är knepigt med ersättningsprodukter.
Det som finns är dels etanol, som kommer från skogen samt biogas som utvinns vid nedbrytning av organiska ämnen på soptippar och jordbruk. Vätgasdrift finns också och forskare tror att vätgas i framtiden kan utvinnas ur havsvatten. Diesel kan ersättas av tallolja.
Allt detta finns i naturen, men i begränsad omfattning och räcker inte till alla bilar, flygplan och fartyg.

Träd och dess restprodukter kan bli till etanol. Alla transportenheter, var för sig, räknar med att använda etanol i stor omfattning, vilket förundrar. Alla träd som avverkas används ju redan idag till hus, inredning och möbler.
Av renset gör man pellets eller pappersmassa. Samma skogsresurser kan väl inte användas till drivmedel också.
Dessutom är skogen en stor slukare av koldioxid. Att då skövla naturen från skog vore oklokt, rent av katastrofalt.

Mycket handlar om tid. Tid som vi inte har. Enligt FN har vi som mest tio år på oss att drastiskt få ner utsläppen.
Det här gör att all politik som pratar om 2050 eller 2045 eller något annat ”lång senare” årtal helt enkelt inte är seriös.

Detta betyder också att bioenergi kan bli ett likadant klimathot som fossil energi. Utsläppen från att bränna bioenergi är nämligen precis som de de fossila. Bioenergi genererar också koldioxid och andra smutsiga gaser.

Enda skillnaden är att politiken låtsas som om det var en skillnad.

Men utsläpp är utsläpp oberoende av om de kallas gröna eller bruna.

Det tar 40-80 år för nya träd att binda samma mängd koldioxid som släpps ut när ett träd tas ner och blir papper eller flis eller talloljediesel.
Om det tar 40 år att neutralisera ett utsläpp så betyder de att vi ökar utsläpp i 30 år. Även om tidigare generationer planterade mer träd (som växer idag) så vet vi att inte ens detta räcker.
Bioenergi som lösning är inte klimatrent i ett tioårs perspektiv.

Det betyder att hela den stolta svenska politiken för att bli förnybar är misslyckad i förväg. Man gör det för att det är billigt. Genom Sveriges enorma skog och enorma avfall av olika slag blir det billigt att ”bränna allt” för transporter och för värme.

Det är därför vi byggt ett fjärrvärmesystem som smutsar ner, det är därför vi ska bli rena genom att blanda in biobränsle i diesel och bensin.

Vi kan låtsas som att det blir rent därför att bioenergiutsläpp inte räknas fast de är lika stora som oljans utsläpp.

Utsläpp från bioenergi kallas ”neutrala” och när en smutsig bil kör genom staden med biodiesel kallas det att utsläppen minskar. I realiteten är de lika stora som bensin och diesel..

Det är lite grann som vildvittrorna i Astrid Lindgrens Ronja Rövardotter. ”Syns inte, finns inte”, ropar de svävande i luften.
Men barnen finns ju under träden.
Och utsläppen finns fast de inte räknas.

Enligt professor Hans Frank som redovisar Naturvårdsverket beräkning är det 32 miljoner ton som inte räknas i energistatistik från myndigheter och därför inte finns med i politiken. Skulle vi lägga till dessa ton så har hela den svenska klimatpolitiken misslyckats.
Vi hoppar upp från 42 miljoner ton utsläpp till 74 miljoner ton. Det blir nästan en fördubbling av utsläppen.
Och det vet ju politikerna egentligen om.

Utsläppen mätt från Hawaii är över 415 miljondelar koldioxid i atmosfären. Klimatet bryr sig nämligen inte om hur myndigheter räknar.

Omvärlden kommer inte i längden acceptera ”den svenska lösningen” när den innebär att klimatutsläppen faktiskt ökar. Hur ”grönt” det än är. Men det är pengarna som styr politiken även här. Inte klimatet.
Tänk att en barnbok skulle forma hela den svenska klimatpolitiken så brutalt.

Dagens investerare och aktiva politiker fick säkert den vackra sagan läst för sig som barn.
Då är naturligtvis el-drift mer intressant. Mycket av det som rullar, flyger eller flyter går att driva med el.
Men det behövs många batterier då och det är nog där akilleshälen klämmer.

Till fartyg håller man på och labbar med flytande naturgas benämnt LNG, som man tror kan användas som fartygsbränsle. Miljövinsterna är stora. Svavel och partikelutsläppen minskar till nära noll och kväveutsläppen med 85-90 procent.
LNG är naturgas, mestadels metan, som kylts ner till -163°, och tillfälligt omvandlats till vätska. Det gör att den tar 600 gånger mindre plats och kan effektivt fraktas i tankar på fartyg.

Gasreformering är också ett pågående forskningsprojekt, där CO_2-utsläpp fångas upp och separeras för att därefter återanvändas, bland annat i form av metanol, som används till fartygsbränsle.

Till flygplan som körs på bensin, alltså de mindre planen, kan man i stället använda ren etanol, vilket redan sker med små lätta sportflygplan. Något smörjmedel behövs dock till motorerna. Flygindustrin utvecklar nu superlätta plan som kan gå på eldift. En variant är till och med så lätt så den är genomskinlig.

Frågan är bara hur mycket vikt planen orkar bära.
Till de reamotorer som sitter i stora plan, typ Boeing, är det knepigt med etanol eftersom effekten är ca 35% mindre än bensin. Sannolikt ännu mindre jämfört med reabränsle. Tankar man en Boeing med ren etanol lär man inte få upp den i luften. I alla fall inte på de startbanor som finns nu. Vätgasdrift för flyget vore ett framsteg, men forskningen har där avstannat.
Riskerna med gas anses som stora i atmosfärens tryckförändringar.

Drygt två procent av världens utsläpp av koldioxid kommer från flygbranschen. Nu arbetas det intensivt för att minska den andelen. En grundpelare i det arbetet rör forskning kring miljövänliga biobränslen. Det vanligaste flygbränslet i kommersiella plan med jetmotorer är så kallat Jet A1. Det liknar ett vanligt dieselbränsle, men är anpassat för att klara de extra påfrestningar som stora variationer i lufttryck och temperaurer medför.

Det är alltså inte bara utsläppen av koldioxid som är utmaning i jakten på de nya bränslena. Kraven på bränslets prestanda är höga, och man vill undvika en del av de problem som den första generationens biobränslen drogs med, som att de hade för hög flam- och fryspunkt.

Lägg därtill att tidigare biobränslen, genom att konkurrera med matgrödor, pressade upp matpriserna i världen och man inser snabbt att nästa generations bränslen har en del hinder att överkomma.

För att öka chanserna att hitta ett bränsle som svarar upp mot de högt ställda kraven utvecklas och testas ett antal olika bränslen, baserade på olika energigrödor, parallellt. 2008 genomförde Air New Zealand och Boeing en gemensam testflygning med en 747-400, där en av Rolls Royce-motorerna kördes med en bränsleblandning bestående av 50 procent Jet A1 och 50 procent biobränsle baserat på jatropha-olja, från purgerbuske.

2009 genomförde Continental Airlines en testflygning med en Boeing 737, där en av de två motorerna drevs av en 50/50-blandning av biobränsle respektive vanligt flygbränsle. Biobränslet i fråga baserades på alger.

Under testet visade det sig att prestandan var oförändrad, men att bränsleåtgången i motorn som använt biobränsle till och med var lägre än i de andra motorerna.

Energitätheten i biobränslet var helt enkelt högre, vilket öppnar möjligheten för klimatvinster också till följd av lägre bränsleåtgång.

Ett annat exempel på en energigröda som testats är oljedådra, vars olja bland annat använts för att göra ett bränsle som Japan Airlines använde när de år 2009 genomförde en testflygning.

Också amerikanska flottan har visat ett stort intresse för bränsle baserat på just oljedådra, och man har testat att driva olika modeller av helikoptrar och flygplan på bränslet.

En fjärde och sista kategori av energigröda som lyfts fram som potentiell bränslekälla är olika typer av halofyter; växter som kan leva på starkt salthaltiga marker och därmed kan växa i områden där konventionella matgrödor inte trivs. Just denna egenskap, förmågan att produceras utan att konkurrera ut matproduktion, är som sagt ett av de kriterier mot vilka de nya biobränslena utvärderas.

Så när kan biobränslen antas utgöra en signifikant del av bränslemixen i det kommersiella flyget är det självklart omöjligt att sia om, och beror av hur väl de fortsatta testerna går. Men prognoserna pekar på att år 2020 kommer cirka 15 procent av flygets bränslen att utgöras av biobränslen. 2030 väntas den andelen ha stigit till 30 procent, och 2040 räknar man med att hälften av allt bränsle som används av flyget ska vara biobränslen.

Armadan av bilfordon är främst tänkt att rulla på eldrift. Vissa elbilar laddar batterierna till vardags endast till 80 procent, 100 procent laddning kräver att ägaren slår på en särskild ”range-mode”. Andra elbilar använder aldrig hela batterikapaciteten, deras batterimätares påstådda 100 procent är i verkligheten endast ca 95 procent laddning i batterierna. Alla marknadens elbilar har dessutom för föraren oåtkomliga reserver: när batterimätaren når 0 och bilen inte kan köras längre finns det egentligen fortfarande ca 5 procent laddning kvar i batterierna för att skydda dem från total urladdning som skulle kunna skada dem permanent.

Resultatet blir att elbilar kommer med 5-8 års batterigarantier, och deras batterier beräknas räcka hela bilens livslängd ut. Det finns flera rapporter om enskilda elbilar som har körts som taxi- eller budbilar och kommit upp i höga miltal. En Nissan Leaf taxi som körts 16 000 mil i England har tappat 12,5 procent av sin batterikapacitet. En Tesla Model S efter samma sträcka har tappat 10 procent, en Roadster 15 procent. Men det är bara enstaka bilar.

Batterier är temperaturkänsliga. De presterar dåligt i kyla. Bensinbilars oisolerade batterier får tex svårare att vrida runt startmotorn på vintern. Men moderna elbilar har värmeisolerade batterier som värms med värmeelement på vintern. Medan bilen laddas på natten värms batterierna med el från elnätet. Under färd värms batterierna med el från batteripacket självt.

Alla bilar oberoende motortyp tappar räckvidd på vintern på grund av högre rullmotstånd och att kall luft har högre luftmotstånd än varm.
Fler och fler moderna elbilar har värmeväxlare som effektivare värmer upp kupén än gamla elbilars värmeslingor. Vattenkylda elmotorer kan värma kupén på samma sätt som bensinbilars motorer (fast elmotorn genererar inte lika mycket värme som bensinmotorn).
De flesta elbilar har möjlighet att förvärma kupén med el från elnätet innan man åker iväg på morgonen.
Elbilstillverkare brukar ange tiden det tar att ladda ett tomt batteri fullt från vägguttag.

Många tror att man kör elbilar som man kör bensinbilar: man kör tills tanken är tom och sedan fyller man den till max igen. Vissa till och med tror att elbilar alltid måste laddas på laddstationer, ungefär som bensinbilar alltid måste tankas på bensinmack.
Men det är inte så elbilar laddas. Elbilar laddas hemma varje natt så du alltid har en fulladdad bil på morgonen.

Nästa kväll behöver du bara ladda tillbaka laddningen för de mil du har kört just den dagen – har du använt 30% av laddningen en dag är det bara de 30% du behöver ladda tillbaka. Laddtiden som anges är ett värstafall, inte normalfallet.

Som ägare märker man dessutom bara de sekunderna det tar att plugga in bilen varje kväll och ta bort sladden på morgonen. Man behöver aldrig åka omvägar till någon bensinmack för att fylla på med bränsle.

Det är som att fråga hur lång tid det tar att ladda en mobil – det vet man inte heller, man bara pluggar in den på kvällen och den är fulladdad på morgonen.

Folk brukar bekymra sig om att elbilar drar så mycket ström att man måste säkra upp huset, bygga om elkablarna och om alla går över till elbilar kommer hela Sveriges elnät att kollapsa av belastningen.
I verkligheten drar en elbil under laddning ungefär lika mycket ström som en sån där ”eisaapeittää” elradiator. Dessutom under de timmar på dygnet när de flesta andra elförbrukare i huset är avstängda.

Visste du att genomsnittsvillan idag drar 2 500 kWh mindre el per år än på 1990-talet?
De lågenergilampor och energieffektiva vitvaror du har skaffat sparar sammanlagt faktiskt in lika mycket el som en elbil drar på ett år. Skaffar du elbil drar ditt hus lika mycket el igen som den gjorde på 90-talet. Elnätet tålde det då – den tål det nu också.

I Sverige har vi 4,3 miljoner personbilar, som i genomsnitt åker 1 454 mil per år enligt Statistiska Centralbyrån. Med 2 kWh/mil i förbrukning skulle det alltså behövas 12,5 TWh el, dvs 8 procent av de 150 TWh Sveriges alla kraftverk tillsammans producerade i fjol. Vindkraftverken i Sverige producerade förresten 11,5 TWh el i fjol.

Batterier är dyra, men inte så extremt dyra som många verkar tro – siffror som 50–80 procent av bilens pris nämns ibland. I verkligheten kostar momsen lika mycket som batterierna redan för dagens elbilar. Elbilen Leafs batterier kostar till exempel dryga 60 000 kronor enligt Nissan. Av bilens pris på 340 000 kronor är 68 000 kronor moms.

Det som däremot har slukat enorma summor för bilföretagen är utvecklingskostnaderna av den nya teknologin. Batteripacken, elmotorer, drivlinor, kringutrustning (t.ex. energieffektiv luftkonditionering som inte drivs av en bensinmotor), mycket behövdes utvecklas helt från grunden. Och de höga utvecklings-kostnaderna slogs ut på ganska få tillverkade elbilar.

Nästa generation elbilar kommer att bli billigare inte enbart pga billigare batterier (batteripriset minskar i medel med ca 5 procent per år) utan även av minskade utvecklingskostnader och högre försäljningsvolymer.
Vissa menar att den nya belastningen på elnätet elbilar utgör måste kompenseras via ökad användning av marginalel från reglerkraftverk.

Detta är en så kallad ”importerad myt”, en myt med rötter i utlandet; folk återberättar sånt de har hört i utländska medier. I många länder används kol-, gas- och oljeeldade kraftverk till reglerkraft. Men i Sverige, i det svenska elsystemet är det ju vattenkraftverken som är reglerkraft.

Fast myten stämmer faktiskt inte ens i utlandet. För reglerkraft används till att kompensera för ögonblickliga belastningsvariationer på elnätet. Reglerkraft är kraftverk vars effekt snabbt (sekunder) kan ökas eller minskas – till skillnad från baskraftverk som kräver längre tid (minuter) för att anpassa sig. En elbil som laddas drar samma ström över lång tid, så baskraftverken hinner anpassa sig.

Skaffar fler elbilar kommer baskraftverkens kapacitet att byggas ut, precis som om fler skulle skaffa kylskåp, Tv-apparater eller elpannor.

Naturligtvis är en elbil som drivs med el framställd i ett kolkraftverk inte utsläppsfri. Men en elbil släpper ändå ut mindre föroreningar än motsvarande bensinbil pga att dess elmotor är mer effektiv än bensinmotorer. En elbil kräver kring 1.8 kWh el för att köra en mil. Framställs de 1.8 kWh elen i ett kolkraftverk släpps det ut lika mycket CO2 som vid förbränning av 0.7 liter bensin enligt Union of Concerned Scientists. Körs elbilen på europeisk elmix (som enbart delvis består av kolkraft, se Myt 8) släpps det ut CO2 motsvarande förbränningen av 0.4 liter bensin.

Sverige har elöverskott: vi tillverkar mer el än vi gör oss av med. Sverige exporterade i fjol över 15 TWh el (över 10% av vår elproduktion). De rapporter om elimport man hör talas om gäller enstaka dagar på vintern. Även om varenda bil i Sverige skulle en elbil skulle de tillsammans behöva endast 11 TWh el – mindre än vår elexport.

Elbilar är faktiskt mer resurskrävande att tillverka än bensinbilar, det är ingen myt. Det går åt mer naturresurser att tillverka ett stort batteripack än att bocka till en bit plåt till en tom bensintank.

Elbilar kan laddas i vanliga vägguttag, som det finns cirka 50 miljoner av i Sverige. Antalet snabbladdningsstationer är ganska få än så länge, men de behövs endast för långresor och de håller på att byggas ut i rasande takt i hela världen.

Förvånansvärt många tror att elbilar måste laddas på laddstationer – ungefär som bensinbilar måste tankas på bensinmack. Men till vardags laddar man sin elbil hemma över natten, ansluten till ett vanligt vägguttag, eller trefasuttag. Varje morgon startar man med en fulladdad bil. Publika snabbladdare används endast vid långresor. Världens litiumreserver beräknas till 39 miljoner ton. Efterfrågan på litium har ökat kraftigt sedan andra världskriget. Det räcker ändå ganska länge. Minst 100 år.

Före litiumjonbatterier fanns det väldigt få användningsområden för litium, där av den minimala efterfrågan förr i tiden. Idag produceras det cirka 150 000 ton litium per år.

En vanlig elbils batterier innehåller mindre än 20 kilo litium. Enligt senaste utred-ningen gjord 2011 av Lawrence Berkeley National Laboratory och University of California Berkeley finns det cirka 39 miljoner ton kommersiella fyndigheter av litium, som räcker för att täcka det uppskattade batteribehovet (inklusive ökad efterfrågan på elbilar) fram till minst år 2100.

Efter det får andra alternativa batteriteknologier ta över. Litiumjonbatterier är bara en batteriteknologi av många möjliga. Den dagen dagens elbilar kommer att skrotas kommer dessutom litiumet i deras batterier att återvinnas till nya batterier.

Gillis Krönika.

Arg som ett bi brummade han in i Paris. Bonden i sin gula väst, vars gröna traktor gick på samma högvarv som han själv. Topp tunnor rasande var bonden över den nya orättvisa dieselskatten som riskerade att ödelägga hans ekonomi. Klimatskatt för bättre miljö hade president Macron dragit till med. Tvi vale sånt påhitt spottade bonden, som ville kunna fortsätta leva sitt normala liv och äta sig mätt alla sina dagar, vilket han tyckte var viktigare än att tänka på kommande generationer.

Nu ställde han upp sin traktor tillsammans med andra bönders mitt på Champs-Élysées. Traktorerna bildade ett block i nöden likt en kista för döden på Lit de parade. Där skulle de stå tills Macron tog bort skatten på böndernas diesel. Skatten på stadsbornas diesel tyckte bonden gott kunde dubbleras så klimatkassan fick sitt.

Jaha joho. Det kanske inte ska vara något självändamål med mänsklighetens fortlöpande.
Nästa istid lär mänskligheten i sin nuvarande artform ändå inte överleva.

Levande behöver för visso föda. Äta bör man annars dör man. Innan dess svälter man. Och födda går nog före ofödda när det gäller att mätta magen, om det nu var så fransoisen menade med "kommande generationer".

Redan svälter över en halv miljard människor säger WHO-organisationen. Främst i Asien.
Inbördeskrig, torka eller översvämningar till följd av klimatförändring anges som orsak.

Lite märkligt detta, då WHO samtidigt anger att det globalt finns ett överskott på mat.
I alla fall i den rika delen av världen. Just där som det årligen slängs 97 kg mat per person och år. Viljan att dela med sig av födan från den rika världen till den fattiga världen saknas således. Ändå så kommer den mesta maten i de rikas affärer från de fattigas åkerlappar.
Det är ju bussigt av dom tycker säkert den matglade i I-landet. Den enes bröd, den andres död.

Undrar just hur det ska gå i framtiden.
Klimatförändringen accelererar och spås drabba i första hand U-länderna. Inte troligt att de fattiga kan mätta de rika längre när torkan blir för svår.
Nä, det dröjer nog inte länge nu innan maten blir allt dyrare för de rika. Därefter kommer bristen och med den svälten. Till slut drabbas även de mest stinna trollbarnen i den rika världen.

Undrar om den franske bonden i sin gula väst tänkt på det. Eller räknar han kanske med att kunna odla för sitt eget husbehov med hjälp av klimatskattebefriad diesel.

För oss andra som inte har möjlighet att odla för husbehov kan våra kommande generationer helt enkelt vara bondens egna barnbarns kusiner.

Klimatet år 2050.

En bred forskarkår är överens om att år 2050 är tröskeln för att rädda Antarktis västra istäcke, och att undvika isfria somrar på Arktis, passerades med råge redan vid 1,5 graders uppvärmning. Gränsen för att behålla istäcket på Grönland passerades med råge vid 2 graders uppvärmning. Gränsen för utbredd permafrost och för att rädda Amazonas regnskog från uttorkning vid 2,5 graders uppvärmning.
Växthuseffekten har blivit verklighet och jorden går mot ytterligare 1 grads uppvärmning, eller mer, eftersom växthusutsläppen fortfarande är betydande.
Havsnivåerna har ökat med 0,5 meter och väntas stiga med mellan 2 och 3 meter fram till 2100.
25 procent av den globala landytan, och 55 procent av jordens befolkning, utsätts under mer än 20 dagar om året för dödlig hetta, bortom tröskeln för mänsklig överlevnadsförmåga.

Destabilisering av jetströmmar har fått en betydande effekt på kraften i, och den geografiska fördelningen av, monsunerna i Asien och Västafrika. Tillsammans med den långsammare Golfströmmen påverkas livsuppehållande ekosystem i Europa. Nordamerika drabbas av förödande extremväder med skogsbränder, hetta, torka och översvämningar.

I Kina uteblir sommarmonsunen och vattennivån i Asiens stora floder minskar kraftigt på grund av att en tredjedel av Himalayas istäcke har försvunnit.

År 2050 kommer Madrid att få ett klimat som liknar Marrakech i sydvästra Marocko.

År 2050 kommer Londons klimat att likna Barcelonas.

År 2050 kommer Stockholms klimat mest att likna dagens Budapest. Högsta temperaturen för den varmaste månaden kommer sannolikt att öka med 5,9 ° C, vilket resulterar i en genomsnittlig årlig temperaturförändring på 3 ° C.

År 2050 kommer klimatet i Köpenhamn mest likna dagens Paris. Högsta temperaturen för den varmaste månaden kommer sannolikt att öka med 5 ° C, vilket resulterar i en genomsnittlig årlig temperaturförändring på 2 ° C.

År 2050 kommer Oslos klimat mest likna dagens Bratislava. Högsta temperaturen för den varmaste månaden kommer sannolikt att öka med 5,6 ° C, vilket resulterar i en genomsnittlig årlig temperaturförändring på 2,2 ° C.

År 2050 kommer Helsingfors klimat mest likna dagens Wien. Högsta temperaturen för den varmaste månaden kommer sannolikt att öka med 5,2 ° C, vilket resulterar i en genomsnittlig årlig temperaturförändring på 2,8 ° C.

Men - allt detta elände förutsätter att vi fortsätter leva som vi gör idag.

Rockström har ordet.

Att den globala uppvärmningen orsakas främst av människor är alla seriösa aktörer överens om. Det är därför ytterst anmärkningsvärt att etablerade forskare och framför allt ekonomer fortsätter att vifta bort breda och väletablerade riskbedömningar, säger Johan Rockström, professor i jordsystemforskning och menar att klimatskeptikerna blundar för glasklara forskningsresultat.

Stödet i världen för att lösa klimatkrisen är starkare än någonsin. En Europeisk klimatlag för nollutsläpp till 2050 som ett i raden av utryck för detta.
Engagemanget eldas på av de allt allvarligare extrema väderhändelserna vi upplever världen över.

Mitt i denna omställning tonar vissa forskare konsekvent ned riskerna. Vetenskaplig debatt är väsentlig, men ovederlagda åsikter leder bara till förvirring. Här är den senaste forskningen avgörande. Ökningen av medeltemperaturen på jorden har, enligt de senaste publicerade studierna, inte överskridit två grader de senaste tre miljoner åren, trots stora naturliga svängningar mellan istid och varmare mellanistider.

Vi har nu genom utsläpp av växthusgaser höjt temperaturen med 1,1 grader. Troligen den varmaste medeltemperaturen sedan den förra istiden, för 12.000 år sedan.

Vi är, enligt alla publicerade analyser, på väg mot en uppvärmning som överskrider 3 grader i slutet av detta århundrade. En sådan temperaturnivå har jorden inte upplevt på 5 miljoner år. Det finns inga belägg för att en modern värld kan fungera på en sådan planet.
Efter Parismötet har få framsteg gjorts för att möta målen och undvika en alltmer riskabel situation.
Enligt IPCC har vi bara 10 år på oss att halvera de globala utsläppen, en förutsättning för att ha en chans att nå ”väl under 2 grader med sikte på 1,5 grader”.

Det är läget i dag. Att den globala uppvärmningen pågår och orsakas i huvudsak av människan är alla seriösa aktörer överens om. Sedan råder det fortfarande en debatt om hur stora riskerna är. Personer som Bengtsson, Nordhaus och Lomborg medger att vi har ett problem. De hävdar dock att det är marginellt, då förändringarna sker långsamt, är förutsägbara och med begränsade effekter – även vid 2–3 graders uppvärmning – och inträffar så långt in i framtiden att vi inte behöver ta något större ansvar i dag, varken i moraliska eller i ekonomiska termer. Jag vill med bestämdhet hävda att dessa antaganden inte är i linje med dagens kunskapsläge.

En betydande del av klimatforskningen har hittills underskattat allvaret i extrema väderhändelser, som nu sker redan vid en grads uppvärmning. Det är i dag bekräftat att värmeböljorna i Europa 2018 och 2019 enbart kan förklaras om man inkluderar den globala uppvärmningen.

Juli 2019 är världens hittills varmast uppmätta månad någonsin, och 50 grader har uppmätts på flera platser i världen, vilket slår direkt mot hälsa och ekonomi.

Men dessa underskattade effekter, som slår snabbare än vad vi förutsett, är en västanfläkt jämfört med vad vi kan förvänta oss framöver.

Med stor sannolikhet kan vi redan i dag utnämna två planetära offer för våra utsläpp av växthusgaser. Världens tropiska korallrev kommer sannolikt kollapsa redan vid 1,5 graders uppvärmning, en temperatur som vi väntas passera om 20–30 år.

Ett isfritt hav under somrarna i Arktis verkar svårt att undvika. Detta är mycket allvarligt, då ett isfritt mörkt ishav absorberar inkommande solinstrålning vilket förstärker uppvärmningen. Forskning pekar i dag på att den snabba uppvärmningen i Arktis bidragit till de extrema vädersvängningarna i Norden och Europa de senaste åren, genom att destabilisera jetströmmen som cirklar över norra halvklotet. Ovanpå detta har värmeflödet i Nordatlanten bromsat in med 15 procent, vilket påverkar golfströmmen och säkerligen också regionala vädermönster. Mycket tyder nu också på att delar av det västantarktiska istäcket redan har passerat en tröskel, och ofrånkomligen kommer att glida ut i havet. I så fall har vi redan intecknat framtida generationer för åtminstone tre meters havsyteökning. Det kan ta århundraden innan det slår fullt ut, men det finns ingen återvändo.

Grönlands glaciärer, som vi fram tills nyligen trodde var stabila upp till 4-5 graders uppvärmning, uppvisar tecken på att vara instabila redan vid 2 grader. Det skulle addera ytterligare 7 meters havsytehöjning.

IPCC kan i princip bara kritiseras för en sak: att de under lång tid underskattat riskerna. Faktum är att allt sedan 2001 har IPCC själva, i takt med ny forskning, steg för steg ändrat sin riskanalys. År 2001 antogs risken för storskaliga katastrofer inte ske förrän vid 4-5 graders uppvärmning. 2013 sänkte IPCC denna risknivå till 2-3 grader. I dag anses risken för storskaliga förändringar öka markant vid 1-2 graders uppvärmning.
Slutsats? Ju mer vi lär oss, desto mer akut ter sig läget. Det är i denna kontext ytterst anmärkningsvärt och oansvarigt att etablerade forskare, framför allt ekonomer, tillåter sig att helt negligera dessa breda och nu väletablerade riskbedömningar.

Och det oansvariga skär djupt. Även om man intar en konservativ hållning och antar att klimatkänsligheten är låg, är det omöjligt att dra någon annan slutsats än att vi med nuvarande utveckling kommer att nå 2 graders uppvärmning om 30–40 år. Och vi kan inte dra någon annan slutsats i dag än att 2 graders uppvärmning skulle innebära betydande problem för alla människor i världen.
En uppvärmning på 2 grader riskerar dessutom att vara den utlösande faktorn för stora förändringar, som förlusten av istäcken i Arktis och Antarktis med havsyteökning och negativa effekter för jordbruksproduktionen i många regioner som följd.

Frågan måste ställas om det verkligen är rimligt att kortsiktigt ekonomiskt tänkande – där kommande kostnader för klimatförändringen bagatelliseras och framställs som för stora och dyra för att motivera omställning – tillåts ligga till grund för fortsatt passivitet.
Ansvaret är betydande. Världen måste vända utvecklingen under de kommande åren, annars blir det svårt att klara de enorma utmaningar vi står inför.

Som Albert Einstein sa: ”Världen kommer inte förstöras av onda aktörer, utan av dom som står vid sidan av och tittar på.”

Johan Rockström,
professor i jordsystemforskning och chef för Potsdaminstitutet för Klimatforskning.

Gillis Krönika.

I media kan man läsa om två svenska professorer som slåss om att påverka människors klimatinsikt.

I den ena ringhörnan står den dynamiske meteorologen Lennart Bengtsson, medlem i Svenska akademien.
I den andra står naturvetaren och miljövetenskaparen Johan Rockström, chef för Potsdaminstitutet i Tyskland som bedriver jordsystemforskning.
Domare är givetvis inte media utan FN:s klimatpanel IPCC.
Vi andra är som vanligt mest helt vanliga åskådare.

FN slår fast att en eskalering upp mot 6 grader inte får ske och därför inte heller kommer att ske.
Men då lämnar både Bengtsson och Rockström in en protest, för den slutsatsen innebär att de kraftfulla insatser som krävs mot klimatförändringen, som IPCC förespråkar, verkligen blir av, vilket båda antagonisterna verkar tvivla på.

Parisavtalet är onåbart, hävdar Bengtsson. Det kan vi glömma. Vi kommer med kraftfulla insatser globalt att landa på 2-3 graders övervärme, vilket är illa nog, men ingen domedag.

Förhoppningsvis fel, säger Rockström. Parisavtalets 1,5 grader är nåbart, vilket skulle bespara ett annars stort mänskligt lidande. Men då fordras en förändringstakt med 100% grön tillväxt under 9 år som saknar motstycke. Trycks vi upp mot 6 grader blir läget katastrofalt, men ändå ingen domedag.

Matchen i övrigt gäller de återstående risker i klimatfrågan som ännu icke är vetenskapligt belagda. Det anses att dessa kan vara behäftade med dominoeffekter. Med vilket menas att olika klimatförändringseffekter triggar varandra. Som värme som skapar torka som skapar bränder som frilägger kol som skapar växthusgaser som skapar mer torka och så brinner det igen.

Volymen av metangas från havsbottnarna som kan frigöras mot atmosfären har vetenskapen ännu inte normer för att beräkna. Inte heller vad gäller förändringen av jet-strömmarna (den vind som blåser högt över våra huvuden) som förutspås kunna ge en klimatparkerad påverkan. Inte bara jordytan värms upp.
Magman under ytskalet gör det också.
Får vi eskalerande lavautbrott?
Vetenskapen har inte svaret på allt.
Men risker finns uppenbarligen.

Bengtsson och Rockström turas om jabba mot varandra angående detta.

Det finns en läxa för oss etablerade klimatforskare att göra här, dundrar Bengtsson och vill att detta arbete fortskrider utan inblandning från vare sig lektorer, docenter, politiker eller novisa debattörer. Media ska inte blanda sig i heller, anser han. Och definitivt inte Greta Thunberg. Folk i allmänhet ska inte oroas i onödan, menar Bengtsson. Risker ska man hålla tyst om.

Rockström sluggar tillbaka med att anse att det är hans och övriga forskares förbaskade skyldighet att upplysa media, politiker och allmänhet om riskbedömningar. Speciellt i detta fall, när inkubationstiden från åtgärd till effekt handlar om decennier.

IPCC medlar fram en dom som går ut på att i sin rapport referera till volymen av den samlade vetenskapliga klimatakademiens åsikt, vilket båda slagskämparna är nöjda med.

Vad gäller frågan om att hålla tyst om risker eller klimataktivism så tar IPCC, till Bengtssons förtret, inte ställning. Rockström säger pass och smyger över en eloge till Greta.

Vem vann då matchen?

Ja, ingen av dessa två kombattanter i alla fall. De gör ju bara sitt jobb. Båda förespråkar kraftfulla insatser mot människans påverkan på klimatet. I övrigt jobbar de båda oförtrutet vidare, i mänsklighetens tjänst.

Marknaden är som alltid de stora vinnarna.
En klimatomställning kostar naturligtvis. Men i en grön omställning mot ny ekonomi och ny teknik finns det ännu större slantar att tjäna.

Vi andra är och förblir som vanligt mest helt vanliga åskådare.

Eller som Albert Einstein en gång sa:
Världen kommer inte att förstöras av onda aktörer,
utan av de som står vid sidan av och tittar på.

Klimatflykt.

Den som flyr till annat land av klimatorsaker har idag ingen asylrätt. Klimatflykt eller ekonomisk flykt går ofta hand i hand. Orsaken bottnar i att det helt enkelt inte går att överleva i det land man bor. Landet kanske inte ens finns kvar över havsnivån. Svält och vattenbrist blir vanligt. Omöjligt att odla grödor p.g.a. torka eller översvämningar. Då tycker nog de flesta att man borde kunna få ta sig till annat land. Men se det får man inte. Man möts av murar i form av taggtråd och gevärspipor. FN, som har ansvaret för Jordens befolkning anser att klimatflyktingar i framtiden ska ha asylrätt.

Om vi fortsätter att överkonsumera så kommer det år 2050 att vara en miljard människor på flykt från tropiska områden. Amazonas djungel är då på väg att kollapsa, nationer suddas ut i stigande vattennivåer och kärnvapenkrig hotar.
Civilisationen som vi byggt upp under 2000 år kan gå under i kaos – år 2050.
Det är scenariot i en ny rapport om vad som riskerar att hända om vi inte inom en snar framtid ställer om industrin till nollutsläpp.
”Människan är den mest rovdjursaktiga art som någonsin existerat”, skriver den australiska generalen Chris Barrie.

Insekter.

Med vår överkonsumtion dödar vi insekter. De sexbenta bevingade småkrypen beskrivs sällan som människans vän. Ilskna getingar över tallriken. En lömsk mygga som döljer sig i ett takhörn ovanför sängen och kommer surrande vid läggdags. Det finns många skäl att irritera sig på småkryp.

Men intresset för insekternas viktiga roll i ekosystemet växer. För utan insekter skulle människan inte överleva.

Den senaste tiden har ett flertal forskarrapporter varnat för den pågående massdöden bland insekter och småkryp.

I Tyskland har den samlade mängden av alla insekter som fångats på drygt 60 platser över landet gått tillbaka med 75 procent på knappt 30 år. En ny studie från Puerto Rico visar att antalet marklevande insekter, räknat i biomassa, har gått ner med 98 procent på 35 år. Och på global skala har insekterna reducerats med nästan hälften de senaste 40 åren – samtidigt som människorna på jorden har fördubblats.

En obekväm sanning är att människor behöver insekterna mer än insekterna behöver oss. Vi människor skulle ha svårt att klara oss mer än några veckor i en värld utan småkryp, menar den amerikanska biologen Edward O Wilson.

Insekter tjänstgör som naturens vaktmästare. De håller rent genom att hjälpa till med nedbrytning och förmultning av döda djur och växter. De luftar, tuggar, river sönder, blandar om och skapar jord, tillsammans med svampar och bakterier. Insekterna städar upp i naturen.

Om sophämtarna där du bor går ut i strejk kommer illaluktande sopor att hopa sig utanför ditt hus.
Ett liknande sopkaos skulle inträffa i naturen om insekterna slutade jobba. En forskargrupp har räknat ut att det finns 2.000 myror per invånare på Manhattan.
Tillsammans bildar de en enorm, oavlönad städpatrull som varje år slukar skräpmatrester motsvarande 60.000 korv med bröd.

Insekterna pollinerar växter. Tre fjärdedelar av alla matväxter som vi odlar är insektspollinerade. Vi skulle få en väldigt tråkig och näringsfattig meny om vi inte hade frukt, nötter och grönsaker.

En tredje funktion hos insekterna är att de fungerar som ett slags lim i naturen. Genom att utgöra föda för andra djur, som inte äter växter, bidrar insekterna till att binda samman olika arter. Insekterna är ett viktigt mellanled eftersom de utgör en så stor biomassa.
Enbart fåglar äter varje år insekter motsvarande vikten från alla de 7,6 miljarder människor som i dag lever på jorden. Sedan tillkommer de insekter som äts av ormar, ödlor, grodor och fiskar.

Insekternas surr har tystnat på flera håll i världen – kanske för gott. Om insekter fortsätter att dö ut varnar forskarna för en "insektsapokalyps" som skulle få stora konsekvenser för planeten som vi känner den.

Epidemier.

I en klimatförändring ökar epidemier i antal och omfattning säger Världshälsoorganisationen WHO. Man räknar med hundratusentals fler dödsfall i diarre, malaria och undernäring innan vi når 2050.

För mycket vatten, för lite vatten och förorenat vatten, det är vad klimatförändringen leder till.

Även i Sverige får vi räkna med att det dyker upp nya sjukdomar berättar läkaren och forskaren Elisabeth Lindgren på Karolinska institutet. Hon befarar att den tropiska sjukdomen denguefeber, där man nyligen rapporterade om ett utbrott i Frankrike kan komma att spridas även norrut.

Den kan med dagens klimat överleva i stora delar av Mellaneuropa. Fortsätter den globala uppvärmningen så kan den sprida sig ända upp till Sverige.
Redan i dag kan forskare se förändringar i olika delar av världen vad det gäller sjukdomar till följd att klimatet ändras, till exempel i bergsmassiv både i Afrika och i Sydamerika kan myggor som sprider Malaria nu överleva högre upp i bergen än vad de gjorde tidigare, och nya grupper utsätts därmed för tropiska sjukdomar.

Vi har ett otroligt flöde av smittämnen runt jordklotet i dag som vi inte haft tidigare. Får vi en klimatförändring kan det öppna upp möjligheter för smittorna att komma in i nya områden och ny arter att stanna i nya områden.

Uppvärmningen av Östersjön är tydligt kopplad till klimatförändringar och ökningen av vibriobakterier hänger samman med de stigande yttemperaturerna, säger Jan Semenza, som är tillförordnad chef för Europeiska smittskyddsinstitutet, ECDC, till IPS.

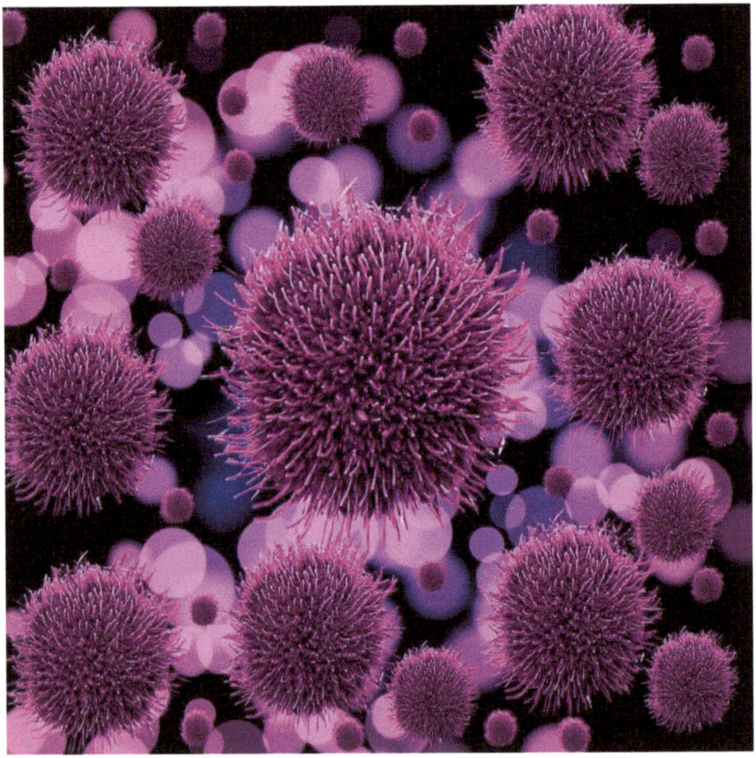

Gillis Krönika.

Då har den ebbat ut då, klimatdebatten. Efter 25 år av hit och dit-teorier kvarstår huvudspåret med förstärkta mätvärden och alltmer framskjutna scenarior. Dessvärre inte mot framtiden, utan närmare oss. Vi som lever max 20 år till, i alla fall i Norden, klarar oss hyfsat. De som pallar i 50 år till får det värre. Hela seklet ut lever de stackare som får ett rent helvete, säger FN:s klimatpanel. Den grupp av ca 800 forskare som respektive länders akademier anser är de bästa att avgöra läget, så att säga. 97 % samsyn säger gruppen sig ha, vilket två undersökande universitet vidimerar.

När världens vetenskapsakademier sedan nickar ja till klimatpanelens rapport 2018 får FN hicka och tar till storsläggan. Medlemsländerna måste göra mer för att undvika att några stackare (våra barnbarn) blir lidande av det som vuxna orsakat. Vi i Sverige är dock redan duktiga tycker en majoritet i kommentarfälten. Visst är vi det.
Vi sorterar och står i. Vi bygger ut med fossilfri energi.
Industrin lägger om till vätgasdrift. I jordbruket odlas det alltmer ekologiskt utan kemiska produkter.
Vi gör mycket. Så det så.

Och så har det Klimatpolitiska rådet i Sverige mage att komma och påstå att vi gör för lite. De häver ur sig att åtgärderna för klimatet i landet inte på långa vägar når upp till det Parisavtal som skulle medföra att stackarna också fick ett drägligt liv.

Vad är detta för trams kan man läsa i kommentarfälten. Sådana här korkskallar behöver vi inte.
Dessa idioter har inget att komma med.

Vi på landet behöver minsann bensin, de i staden kan vara utan. Förbjud Miljöpartiet så blir det bra.
Eller ska vi ha tunnelbanor på landsbygden också?

Okej då, vi kör allt mer bil, vi flyger mer. Vi handlar och förbrukar mer, men det gör väl alla. Och förresten så flyger vi mest utomlands och handlar det mesta från utlandet och då hamnar väl inte föroreningarna i Sverige. Vi är klart bäst och utlänningarna är dåliga. Se bara på Brasilianarna. Tokstollarna som avverkat regnskogen i Amazonas av en yta stor som Belgien.

Världens syrelunga och jätten bland koldioxidätarna från atmosfären. Visst, träet går till förpackningsindustrin. Och det måste vi ha i väst för att kunna dubbelpacketera allt det vi handlar på internet. Men bara för det är det väl inte vårt fel. Tokstollarna tänker använda marken till att odla soja och kreatursfoder. Världen över håller vi kreatur i fångenskap som genererar 25 % av alla metangasutsläpp till atmosfären.

Metangas, som har 10 gånger större påverkan på växthuseffekten än koldioxid.
Visserligen flyktigt men ändå ingen större tröst i sammanhanget om korna rapar ur sig samma mängd dagen därpå.

Men att säga att allt detta är vårt fel är helt fel. Tokstollarna i Brasilien får ju teknologi från oss och något måste de väl betala i gengäld. Helst det som vi begär. Kött och förpackningsmaterial.

Nu är ju det här med klimatfrågan för gemene man en komplex historia.
Man måste nästan vara en Greta för att begripa hur allt hänger ihop.
Och så pålästa är nog inte majoriteten av oss vuxna att vi förstått att vi lever på en planet som är fyra gånger större än på kartan. Att det är människans livsbeteende som är själva grunden till växthuseffekten. Inte olja, kol och naturgas som bara är våra motvapen. Krånglar vi oss ur växthuseffekten utan att göra något åt grundorsaken så åker vi snart på ett annat klimatproblem när naturen nu tenderar att bli allt mer bakteriell i stället för insektsrelaterad. Ett epidemiskt klimatproblem uppstår.

Allt detta om naturens villkor i en planets balans begriper vi ju naturligtvis alla. Alla utom Klimatpolitiska rådet, verkar det, som har fräckheten att komma och säga att vi gör för lite. Vi som lever ett vuxet liv nu är minsann både duktiga och förändringsbara.

Vi ska koncentrera oss på att ta itu med sjukvårdsköer och den kriminella problematiken med 460 tusen migranter. Att det runt hörnet, enligt FN:s migrantplan, står 460 miljoner migranter som med evakuering ska beredas plats i Sverige om Parisavtalet går åt pipan, det får väl de som lever då tydligen ta tag i själva enligt vad man kan läsa i kommentarfälten.

Kapten Bolund lär för övrigt få byta till ett större fartyg. Barn är av naturen vetgiriga och blir vuxna till valet 2022. Vilken politik de kommer att rösta för vet säkert Pomperipossa.

Excess consummatio.

Excess consummatio diagnostiserar klimatdoktorn och spänner hårda, vetenskapligt akademiska ögon i tvehågsna livsgourmeter och nyvakna jordbor med häpnade insikter. Klagar gör vi patienter dagligen över allehanda symptom - global uppvärmning, epidemier, torka, översvämningar och skräpig natur. Växthuseffekten plågar oss nu när vår planets natur hamnat i obalans.

I Sverige är vi, inom många områden, världsledande på överkonsumtion. Vi är även individuellt olika i form av små, normal eller storkonsumenter. Alla blandas vi i en korridor där ekot studsar mellan trötta väggar med det eviga tugget om att det inte har någon betydelse vad vi gör i lilla Sverige. Klart det spelar roll! Även den bäste på att vara sämst kan bidra till att andra får det bättre i en framtida morgon.

Hela den rika världen ligger över gränslinjen, vilket innebär att stora delar av den befolkning som lever i planetens fattiga regioner, underkonsumerar och svälter. Men över och underkonsumenter finns i alla länder. Uppskattningsvis så överkonsumerar omkring 30% av Jordens befolkning. Övriga 70% skulle säkert vilja konsumera mera men har helt enkelt inte råd. Det är också de som står för en stor andel av produktionen med alla de "bra att ha" grejor som den lilla klicken av shoppare överkonsumerar.

Det globala snittet för överkonsumtion är 1,7 gånger vad naturen kan reproducera.
I Sverige överkonsumerar vi hela 4,3 gånger.
Det säger sig självt att så kan det inte få fortgå.
Överkonsumtionen ökar och naturen minskar i omfång. Ohållbart säger vissa. Håll i er säger andra, för nu ska här shoppas. Ändå kan man gå in i vilket varuhus som helst och göra en lång lista på allt som inte är helt nödvändigt. Allt från kolgrillar till studsmattor.

Laga och reparera har blivit helt omodernt. Allt fler varor i tillverkningsindustrin byggs i moduler där flera delar integreras. Följden har blivit att det inte längre går att laga eller byta en separat trasig del. Integreringsmetoden innebär att hela modulen eller i värsta fall hela varan måste bytas ut, vilket i många fall innebär det samma som att köpa en helt ny likadan vara som man hade. Förbrukningsindustrin gör vad de kan för att få sälja nytt. Man ser till och med till att en vara tillverkas på så sätt att den inte håller alltför länge.

Men så har det inte alltid varit. Överkonsumtionen tog inte fart förrän på 70-talet. Undrar just vad man gjorde innan dess? Förmodligen samma sak som befolkningen gör idag i många U-länder. Där prioriteras mat, förnödenheter, bostäder och sjukvård. Annat överflöd har de inte råd med på samma vis som vi andra som bor i den rika I-världen. Nu är det befolkningen i U-länderna som börjar lida först och mest av överkonsumtionens symptom. Vi andra får vänta på vår tur några år till.

" Varför är det på dette viset" skulle smålänningen Oscar ha sagt.

Jo, det kan man ju undra med tanke på att vetskapen om konsekvenser av överförbrukning knappast är ny.
Man kan till och med fundera över hur det skulle kunna vara om överkonsumtion inte funnits. Skulle möjligen förhållandena på Jorden varit annorlunda nu?

Ja är det sannolika svaret.
Överförbrukning leder till överproduktion som i sin tur leder till överkonsumtion. Om den kedjan kunde upphöra bums så skulle det omedelbart medföra att vi globalt fick ett stort överskott på elektricitet. Går det sedan bara att optimalt fördela elektrisk kapacitet länder emellan så behövs absolut ingen kolkraft och sannolikt bara en bråkdel av nuvarande kärnkraft.

På sikt återhämtar sig naturen när skogarna tillåts växa till sig och förbruka atmosfärens överskott av koldioxid. Om vi låter produktion av det livsnödvändiga fortgå, såsom mat, förnödenheter, boende, vård och omsorg samt utbildning mm, vars bördor och tillgång givetvis ska fördelas rättvist, så uppstår ett överskott av fritid i ett alltmer stabiliserande klimat. Miljön förbättras till viss del också. Det blir i vart fall mindre prylar och skräp som kan hamna i naturen. Allt blir inte bra på stubinen om överkonsumtionen upphör, men väldigt mycket blir bättre på sikt. En ny ekonomi måste också på plats. En ekonomi som inte går ut på att till varje pris shoppa mer och förbruka mer.

Uppe på detta måste vi nog fundera lite på hur många planeten kan rymma.

Många har uttryckt en önskan om någon form av befolkningsbegränsning och att denna begränsning skulle ha införts för många herrans år sedan. Fast om denna önskan uppfyllts så kanske inte denna bok hade blivit skriven. Det kan inte heller uteslutas att många av dessa önskedrömmare förblivit ofödda.

Hur som helst så är vi så många som vi är idag. Och det är väl ändå denna befolkningsmängd vi har att utgå ifrån, när och om vi tänker ta tag i klimat och miljöproblemens orsak.

Vetskapen om växthuseffekten är inte heller ny. Det har visat sig att man insåg att det fanns risker med fossil förbränning av bl.a. olja redan på 1950-talet. Men om överkonsumtion och oljeförbrukning inte gått hand i hand så hade atmosfären inte innehållit så mycket koldioxid som den gör nu.

Fram i början på 2000-talet stod det klart vad som väntar oss om vi samtidigt med stegrande överkonsumtion fortsätter använda kol, olja och naturgas i samma eller – ännu värre - ökande omfattning. Vetenskapen har en samsyn på 97 procent om att människan i högsta grad bidrar till den globala uppvärmningen. En vetenskap som sammanställts av FN:s klimatpanel och vars slutsats kommer från över 6000 forskningsrapporter.

Universiteten i Lund och Stanford har kontrollerat samsynen mot över 800 av de som ländernas akademier anser är de mest kompetenta klimatforskarna i världen.

En sådan förkrossande samsyn måste man bara ta på allvar. Forskarna gör olika bedömningar av hur följdverkningarna av global uppvärmning kommer att bli. Likaså hur fort och vilken temperatur vi kan nå. Men hur man än vänder och vrider på klimatfrågan så är det svårt att komma runt klimatpanelens slutsats eftersom den speglar forskarmajoritetens vetenskapliga bedömning.

Politiska beslut är nödvändiga, liksom ledare som förmår att "ta tag i problemet". Och sådana ledare finns absolut till hands i världens alla länder. Men de vuxna väljarna "backar" inte upp dessa ledare med sina valröster.

Eller som Albert Einstein sa:
"Världen kommer inte att förstöras av onda aktörer, utan av dom som står bredvid och tittar på"

Folket röstar fram politiska ledare som helt uppenbart är handlingsförlamade vad det gäller klimat och miljöproblemen. Och då blir naturligtvis resultatet noll eller nada.

Detta har resulterat i protester från ungdomen som inte har rösträtt. De som kommit till insikt om att klimatproblemen drabbar den gruppen värst. De vill att politikerna ska lyssna på vetenskapen och agera. Barnen har stöd av vetenskapens forskare i sin aktion. Uppe på detta ansluter allt fler vuxna som inte protesterat tidigare. Barnen tar reda på hur allt hänger ihop och går sedan hem och påverkar sina föräldrar som i sin tur påverkar politiska ledare.

Vid sidan om har vi dessvärre ett antal vuxna som, via media, i ren egoistisk blindo motarbetar de barn som protesterar och till och med hotar och förlöjligar dom. Detta oskick förstärks också av en inte helt försumbar andel vuxna, som, med trist galla, sprider vidare denna sanslöst verbala dynga.

Barnen är nu de som driver på i klimat och miljöfrågan med stöd i ryggen av vetenskapen. Alltför många vuxna verkar inte bry sig. Barnen gör vad de vuxna borde gjort långt tidigare. Det är mycket svårt att låta bli att uttrycka någon annan uppfattning än att detta är fullständigt bedrövligt.

Redan 400 år innan Jesus föddes hade den Grekiske filosofen Platon en uppfattning om att naturen endast var en skuggbild av idealvärlden och att människan har sin kropp som en tillfällig boendeort för själen. Han såg det materiella som ett hinder men med hjälp av förnuftet kan man uppnå harmoni och balans, mellan kropp och själ, mellan den enskilde och samhället och mellan människan och kosmos. Platon var mycket besviken på naturen och tyckte att den var oberäknelig. Han önskade se naturen som en förebild där det skulle råda ordning, laglydnad och stabilitet.

Nu efter att vi passerat Anno Domino med en råge på 2019 år så kan vi som levt de senaste 70 åren konstatera att Platon inte var så fel ute. Naturen är nu en skugga av sitt forna jag jämfört med då en 70-åring föddes.

På vägen hit var det materiella inte bara ett hinder utan även ett verktyg till överförbrukning.
I takt med klimatförändringen är naturen på väg att bli allt mer oberäknelig.
Platon framhöll förnuftet som hjälpmedel.
Tillsammans med en rimlig dos av sans beträffande konsumtion var det inget dumt tips, om jag får skriva så.

Vad gör man åt detta nu då, undrar vän av natur?

Jo säger Gillis, enskilda initiativ är absolut inte försumbara men politiska beslut måste till.

Man kan göra precis som EU gör med utsläppsrätter, begränsa produktion och konsumtion med kvoter som inte når upp till överförbrukning av naturens resurser.
Det ska helt enkelt kosta att kliva över tröskeln.
Ju mer man överförbrukar i ett land desto mer skatt får landet betala och ju mer man shoppar desto dyrare kan varorna få bli.

Eller så kan man ta till den på andra sidan atlanten så välkända Vetometoden och låta bygga en mur av taggtråd mot överkonsumtionen.
Det säger i alla fall Piff och Puff.
Och de kan man lita på.